CHIMIE

APPLIQUÉE

A L'AGRICULTURE.

CHIMIE

APPLIQUÉE

A L'AGRICULTURE,

PAR M. LE COMTE CHAPTAL,

PAIR DE FRANCE, CHEVALIER DE L'ORDRE ROYAL DE SAINT-MICHEL, GRAND-OFFICIER
DE LA LÉGION-D'HONNEUR, MEMBRE DE L'ACADÉMIE ROYALE DES SCIENCES DE L'INS-
TITUT DE FRANCE, DE LA SOCIÉTÉ ROYALE ET CENTRALE, ET DU CONSEIL ROYAL
D'AGRICULTURE, ETC., ETC., ETC.

TOME II.

A PARIS,

CHEZ MADAME HUZARD, IMPRIMEUR-LIBRAIRE,

RUE DE L'ÉPERON, N°. 7.

1823.

CHIMIE

APPLIQUÉE

A L'AGRICULTURE.

CHAPITRE IX.

DE LA NATURE ET DES USAGES DES PRODUITS DE LA VÉGÉTATION.

Les élémens qui entrent dans la composition des plantes sont peu nombreux; mais les proportions dans lesquelles ils y sont combinés établissent une si grande différence dans les produits de la végétation, qu'on a de la peine à croire qu'ils soient formés d'un aussi petit nombre de principes, uniquement variés par les proportions.

Les alimens de la plante sont l'eau, l'air et les engrais. Ces substances, absorbées par les feuilles, les fruits ou les racines, fournissent,

par l'analyse, de l'acide carbonique, de l'oxigène, de l'hydrogène, du carbone, un peu
d'azote et quelques principes terreux et salins :
c'est avec ces matériaux que les organes de la
plante composent cette variété presque infinie
de produits si différens entre eux.

Dans le cours de la végétation, on voit ces
produits changer successivement de nature :
ce qui est d'abord acide devient doux, ce qui
est tendre devient dur; tout cela tient à des
changemens continuels dans les proportions
des principes constituans, et l'on est étonné
de voir que l'analyse la plus rigoureuse ne
présente, dans les substances dont les propriétés sont les plus opposées, que quelques
centièmes en plus ou en moins dans la proportion de leurs élémens.

Lorsque la plante a accompli ou terminé
ses périodes de végétation, les produits morts
qu'on expose à l'action des mêmes agens, qui
sont l'air, l'eau, la chaleur, prennent une marche rétrograde; ils changent de nature et se
décomposent peu-à-peu en combinant leurs
principes constituans avec ceux des subs—
tances qui agissent sur eux : alors tout est

soumis aux lois invariables de la chimie et de la physique; tandis que, dans la plante vivante, la vitalité plus ou moins puissante dont elle est douée, modifie sans cesse l'action des agens externes, et produit des résultats que nous ne pouvons ni imiter ni expliquer.

Quoiqu'il convienne d'être très-réservé lorsqu'il s'agit d'établir de l'analogie entre les fonctions de deux êtres aussi différens que l'animal et le végétal, on ne peut pas ne pas apercevoir des rapprochemens sensibles dans tout ce qui a rapport à leur nutrition.

L'animal absorbe l'air par les poumons ou par des trachées répandues sur son corps; il se nourrit aussi d'alimens solides, qui sont déposés dans l'estomac ou dans d'autres organes analogues. La plante absorbe l'air par les feuilles et les fruits, elle puise les sucs nutritifs dans la terre, à l'aide de ses racines. Dans l'animal, les sucs circulent dans toutes les parties et passent dans les divers organes, où ils sont élaborés, pour former tous les produits qui sont propres à ce règne. Dans le végétal, les sucs sont chariés dans l'écorce, l'aubier, la moëlle, le bois, les feuilles et les fruits, par des tubes et des trachées ; ils sont déposés dans des cellules hexagones, qui sont très-nombreuses dans le parenchyme de l'écorce et de l'aubier, et se répandent dans tout le corps de la plante par le moyen de vaisseaux, tubes ou trachées ; ils reçoivent des modifications particulières dans chaque organe, et y forment des composés qui varient dans chacun d'eux.

Les feuilles reçoivent la sève dans des réseaux qui sont enveloppés et recouverts par une pellicule mince ; la sève est élaborée dans ces organes, elle s'y combine avec les substances qu'elles prennent dans l'air, et les feuilles versent dans l'atmosphère l'eau excédant les besoins, ainsi que l'oxigène de l'acide carbonique dont elles ont extrait le carbone.

La sève ainsi travaillée dans les feuilles passe dans les organes du végétal, où elle reçoit de nouvelles élaborations.

Les feuilles sont, par rapport aux plantes, ce que sont les poumons par rapport à l'animal. Dans l'un et dans l'autre de ces êtres, ces organes reçoivent la sève ou le sang ; ils les mêlent avec les gaz qu'ils absorbent dans l'atmosphère, les portent ensuite dans le grand système vasculaire, et versent dans l'air, par la transpiration, l'eau et les gaz devenus inutiles ou superflus.

On trouve également dans les êtres qui composent les deux règnes une grande variété de structure : les uns ont une constitution molle, lâche, parenchymateuse ; les autres présentent des tissus plus serrés et plus durs : c'est le carbone qui prédomine dans les végétaux, et le phosphate de chaux dans les animaux. Ces deux principes, quoique très-différens, forment la base de leur charpente.

Les mêmes élémens entrent dans la composition de tous les produits, soit animaux, soit végétaux, et leur différence ne provient que des proportions entre les principes constituans.

L'analyse des principaux produits de la végétation a été faite avec un grand soin par MM. Gay-Lussac et Thénard : les résultats de ces recherches nous permettent déjà d'en déduire des conséquences sur le caractère que prennent les produits, selon que tel ou tel principe prédomine dans la composition, ou selon la nature des élémens qui se combinent.

1°. Lorsqu'une substance végétale ne contient point d'azote, et que la quantité d'oxigène est à celle d'hydrogène dans un rapport plus grand que dans l'eau, elle est acide.

2°. Lorsque l'hydrogène est par rapport à l'oxigène dans une proportion plus forte que dans l'eau, la substance est huileuse, résineuse, alcoolique ou éthérée.

3°. Lorsque la quantité d'oxigène et d'hydrogène se trouve dans le même rapport que dans l'eau, la substance est analogue au sucre, à la gomme, à la fibre, etc.

Je ne parlerai que des produits qui sont les plus communs ou les plus employés dans les arts et dans les usages domestiques. Je tâcherai, autant qu'il est possible, de suivre l'ordre que prescrit l'analogie des principes constituans.

ARTICLE PREMIER.

Gomme et mucilage.

Le mucilage paraît être, dans la plupart des végétaux, un premier degré du travail de la vitalité sur la sève : nous voyons un grand nombre de végétaux ne présenter qu'une masse de mucilage ; et les gommes qui en diffèrent si peu découlent naturellement de plusieurs arbres par l'extravasation de la sève dans les temps de la plus forte végétation.

Ce premier produit de la végétation paraît être néanmoins permanent dans tous les âges de quelques plantes : les feuilles des malvacées, la graine de lin, les lichens, les bulbes des hyacinthes en fournissent en tout temps : le mucilage paraît y être un produit constant et inhérent à leur composition.

La gomme est sous forme liquide dans le corps du végétal; elle se solidifie par le contact de l'air, perd en partie sa transparence, change plus ou moins de couleur et devient un peu cassante. Le mucilage conserve plus long-temps sa consistance, quoiqu'il ait moins d'affinité avec l'eau.

La gomme et le mucilage sont solubles dans l'eau, d'où l'alcool et l'acide sulfurique les précipitent; ils ne s'enflammment qu'avec une extrême difficulté; et, dans leur état d'ignition, ils produisent peu de flamme, beaucoup de fumée, et laissent pour résidu un charbon boursoufflé.

Les gommes qui sont le plus en usage dans

les arts sont la gomme arabique, la gomme adragant, la gomme du Sénégal, et la gomme rougeâtre du pays, qui découle en larmes des branches et du tronc du prunier, du cerisier, de l'abricotier, etc.

On peut employer les gommes et les mucilages comme alimens; on prescrit en médecine le mucilage comme une nourriture douce, calmante et de facile digestion. L'emploi des gommes dans les arts est très-étendu : on s'en sert pour donner de l'apprêt, du corps et du lustre aux tissus et aux feutres; on enduit le papier destiné à l'écriture d'une légère couche de gomme pour qu'il ne boive pas l'encre. Les gommes servent d'excipient aux couleurs qu'on applique par impression sur tous les tissus, et à plusieurs de celles qu'on emploie au pinceau; dans les fabriques de toiles peintes, les Anglais ont remplacé la gomme arabique par le mucilage des lichens.

La pesanteur spécifique des gommes est de mille trois cent à mille quatre cent quatre-vingt-dix.

L'analyse de la gomme arabique a fourni à MM. Gay-Lussac et Thénard :

Carbone...................... 42,23
Oxigène...................... 50,84
Hydrogène................... 6,93

L'oxigène et l'hydrogène s'y trouvent dans les proportions nécessaires pour former l'eau.

ARTICLE II.

Amidon ou fécules.

On donne le nom d'*amidon* à une substance blanche, très-divisée, pulvérulente, insoluble dans l'eau froide, et formant de la colle avec l'eau bouillante ; on connaît cette même matière sous le nom de fécule, lorsqu'on la retire d'autres plantes que des céréales, telles que les pommes de terre, le glaïeul, la bryone, le marron d'Inde, l'orchis mâle, le colchique, la bardane, l'iris, la jusquiame, la patience, la renoncule, etc.

Dans plusieurs parties de l'Amérique, la fécule du manioc fournit la principale nourriture des habitans : la préparation du sagou qui provient de la moëlle des vieux palmiers, dans les îles Moluques, et celle du salep que donnent les bulbes de toutes les espèces d'orchis, prouvent de quelle importance peuvent être toutes ces fécules pour les arts, la médecine et la nourriture de l'espèce humaine et des animaux.

La fécule contenue dans toutes les plantes que je viens de nommer est saine, très-nourrissante, et peut être préparée comme aliment sous toutes sortes de formes; mais il ne faut pas perdre de vue que, dans plusieurs de ces végétaux, elle est unie à d'autres substances qui sont ou de vrais poisons, ou des matières amères, âcres, piquantes, toutes désagréables au goût : il est donc de la plus grande importance de préparer avec soin ces fécules et de les purger de toute matière étrangère.

Heureusement la nature des substances qui sont unies à la fécule est si différente, les propriétés sont si distinctes et si prononcées, qu'on peut les séparer l'une de l'autre par des procédés dont l'exécution est aussi facile que sûre : la grande solubilité dans l'eau de tous les principes malfaisans, et leur extrême légèreté, en comparaison de la pesanteur des fécules, font que, par des lavages répétés à l'eau froide, on enlève tout ce qui est nuisible, et qu'il ne reste au fond des vases dans lesquels on fait l'opération que la fécule sans mélange.

Pour extraire la fécule, on peut employer deux procédés : dans l'un et dans l'autre, il faut commencer par réduire en farine ou porter à un grand état de division la substance qui la contient.

On procède ensuite à l'extraction par le seul moyen de l'eau froide ou par la fermentation.

Le premier de ces moyens est plus simple et plus expéditif; mais on n'obtient pas toute la fécule : le second, quoique plus long, plus dispendieux, est préféré, par cette raison, lorsqu'il s'agit de retirer l'amidon des céréales.

Pour extraire l'amidon par l'eau froide, on est forcé d'employer des méthodes différentes selon que la substance peut être réduite en farine avant d'être travaillée, ou qu'on ne peut que la broyer pour agir sur la pulpe.

Dans le premier cas, on pétrit la farine de froment avec de l'eau, on lui donne la consistance d'une pâte ferme, on la met sur un tissu serré par-dessus un cuvier, et on verse de l'eau sur la pâte, qu'on malaxe avec les mains jusqu'à ce que le liquide passe clair : l'eau entraîne la fécule, qui se dépose au fond du cuvier ; elle dissout le sucre et le principe extractif contenu dans la farine, et le gluten insoluble reste sur le filtre ; on lave le dépôt pour le purifier de toute matière étrangère et on le fait sécher.

Mais lorsqu'on ne peut pas ou qu'on ne veut pas réduire en farine les substances qui contiennent de la fécule, on les broie dans des mortiers ou sous des meules, ou bien on les râpe ; on porte la pulpe sur un tamis de crin très-serré qu'on a placé sur un cuvier, et on verse de l'eau jusqu'à ce qu'elle passe claire, ayant l'attention de remuer la pulpe sans relâche avec les mains et de l'exprimer fortement.

Lorsque les substances dont on veut retirer l'amidon sont charnues et d'un tissu lâche, spongieux, on peut se borner à les réduire en pulpe et à les exprimer à l'aide d'une presse ; le suc qu'on extrait dépose la fécule, qu'on lave avec le plus grand soin pour séparer les principes nuisibles : la fécule est d'autant plus blanche et d'un usage d'autant plus sûr, qu'elle est mieux lavée.

La fermentation est le moyen le plus généralement employé pour extraire l'amidon de la farine des céréales ; mais cette opération ne produirait que de l'alcool, si on n'avait pas l'attention d'y mêler de l'acide pour prévenir la fermentation spiritueuse.

On prépare cet acide en délayant dans un seau d'eau chaude deux livres de levain de boulanger ; deux jours après, on y ajoute quelques seaux d'eau chaude : quarante-huit heures suffisent ensuite pour que l'acide soit suffisamment développé.

Cette liqueur, que les amidonniers appellent *eau sûre,* ne contient guère que du vinaigre, et, d'après cela, je présume qu'on pourrait employer l'acide acétique avec le même succès.

Lorsqu'on veut extraire l'amidon, on verse un seau d'*eau sûre* dans un tonneau défoncé par un bout, on le remplit à moitié d'eau ordinaire, et on y délaie de la farine jusqu'à ce qu'il soit plein.

On laisse macérer pendant dix jours en été, et quatorze jours en hiver ; on reconnaît que l'opération est assez avancée lorsqu'il se forme un dépôt, que la liqueur surnageante est claire, et que la surface est recouverte d'une couche d'écume ou *eau grasse*.

On décante l'eau et les écumes ; on verse le dépôt dans un sac de toile de crin qu'on a placé sur un cuvier ; on y passe de l'eau jusqu'à ce qu'elle filtre sans nuance de blanc ; il ne reste plus dans le sac que le son le plus grossier, qu'on donne aux bestiaux.

Au bout de deux à trois jours, on décante l'eau surnageant le dépôt qui s'est formé dans le cuvier, et on en garde une partie, pour servir d'*eau sûre* dans les opérations subséquentes.

Pour avoir de bel amidon, on lave à grande eau et on brasse avec soin le dépôt ; deux à trois jours après on jette l'eau des lavages.

Le dépôt qui s'est formé présente trois couches dont la qualité est très-différente : la première est principalement composée de débris de son ; on l'enlève pour en nourrir les bestiaux ou engraisser des cochons.

La deuxième couche est généralement formée d'une partie amilacée mêlée de quelques matières étrangères, qu'on en sépare par des lavages. Le produit de cette couche est alors connu sous le nom d'*amidon commun*.

La troisième couche contient l'amidon le plus pur et le plus pesant : mais, pour lui donner toutes les qualités qu'il peut acquérir, il faut encore le laver, et filtrer l'eau qui le tient en suspension à travers des tamis de soie, afin de le purger de toute matière étrangère : avec ces précautions, on obtient de l'amidon qui est propre à tous les usages.

Dès que l'amidon est bien lavé, on le met dans des paniers garnis de toile, pour en séparer la première eau; on le divise ensuite en pains, et on termine la dessiccation en l'exposant au grand air sur des lattes.

Avant de le livrer au commerce, on ratisse la surface des pains qui s'est un peu colorée, et on achève de les sécher au soleil ou à l'étuve.

L'usage de l'amidon ou des fécules est très-étendu : l'amidon délayé dans l'eau chaude prend la consistance d'une gelée, et forme la *colle*.

La colle colorée par l'azur est connue sous le nom d'*empois*, et sert à donner au linge fin le lustre, la roideur et un coup d'œil agréable.

L'amidon est encore employé à poudrer les cheveux.

Toutes les fécules forment une excellente nourriture, et font la base du premier de nos alimens.

L'amidon traité par l'acide sulfurique se convertit en sucre, et peut subir en cet état la fermentation alcoolique : depuis quelques années, on a formé, en France, de très-grands établissemens, où la fécule de pomme de terre, traitée de cette manière, alimente de nombreuses distilleries.

L'amidon projeté sur un fer rouge brûle sans laisser presque aucun résidu.

MM. Gay-Lussac et Thénard ont trouvé que cent parties d'amidon contenaient :

> Carbone.................. 43,55
> Oxigène............... 49,68
> Hydrogène............ 6,77

On voit que l'oxigène et l'hydrogène y sont

dans les proportions convenables pour former de l'eau, comme dans les gommes, qui se rapprochent beaucoup de l'amidon par quelques propriétés et leurs usages.

ARTICLE III.

Sucre.

On appelle *sucre* une substance extraite de quelques végétaux, douce et agréable au goût, de couleur blanche, et susceptible de subir la fermentation alcoolique lorsqu'on la dissout dans l'eau, à laquelle on ajoute un peu de levain fermenté.

Les substances qui peuvent éprouver la même fermentation et par les mêmes moyens, contiennent toutes plus ou moins de sucre.

L'art peut donner lui-même cette propriété à plusieurs autres produits de la végétation, en faisant varier, par des procédés chimiques, les proportions de leurs principes constituans, et en les rapprochant par ce moyen de celles du sucre : c'est ainsi qu'on dispose l'amidon et la fibre végétale à subir la fermentation spiritueuse.

Nous pouvons appeler *sucrées* toutes les substances qui jouissent de la même propriété que le sucre, celle de former de l'alcool par la fermentation.

On connaît aujourd'hui trois espèces de sucre bien distinctes et bien caractérisées.

La première et la plus importante est celle qui cristallise, et à laquelle on a donné la dénomination générique de sucre. Elle est fournie par la canne à sucre et par la betterave, la carotte, le navet, la châtaigne, l'érable, etc.

Les sucres qui proviennent de ces diverses plantes sont rigoureusement de même nature, et ne diffèrent en aucune manière lorsqu'on les a ramenés, par le raffinage, au même degré de pureté; le goût, la cristallisation, la couleur, la pesanteur sont absolument identiques; et l'on peut défier l'homme le plus habitué à juger ces produits ou à les consommer, de les distinguer l'un de l'autre.

La seconde espèce de sucre est celle qu'on extrait du moût rapproché du raisin : celle-ci se présente constamment sous la forme d'une poudre blanche, dans laquelle on n'aperçoit aucune trace de cristallisation : ce sucre est très-soluble dans l'eau ; il produit l'effet du sucre de la première espèce ; pourvu qu'on l'emploie à une dose double, il peut le remplacer dans tous ses usages.

Dans les temps où le sucre d'Amérique était rare en France et excessivement cher, on a fabriqué une énorme quantité de sucre de raisin qu'on vendait à bas prix.

La troisième espèce de sucre est celle que fournissent presque tous les fruits : non-seulement celle-ci ne cristallise pas, mais on n'a pas pu jusqu'ici l'amener à prendre une forme solide. En concentrant les sucs de ces fruits, on obtient des sirops qui peuvent remplacer le sucre dans plusieurs usages, et former une grande ressource comme alimens.

Par ce moyen, on réunit le double avantage de réduire en un petit volume ces substances nutritives, et de les préserver de la décomposition. On produit le même effet en les concentrant à l'état de gelée ou d'extrait. Les sucs sucrés qui ne sont pas convertis en sirop peuvent former, par leur fermentation, une boisson alcoolique aussi utile que saine et agréable pour une grande partie de la population.

Les substances que la chimie nous a appris à convertir en sucre, n'ont pu fournir jusqu'ici que celui de la seconde espèce; mais il est très-propre à donner de l'alcool par la fermentation.

La pesanteur spécifique du sucre cristallisé est de 1,6 d'après Fahrenheit. Il se dissout dans un poids d'eau égal au sien à dix degrés; il n'est pas sensiblement soluble dans l'alcool rectifié.

Le sucre contient 42,47 pour cent de carbone; l'hydrogène et l'oxigène s'y trouvent, comme dans les gommes et les fécules, dans les proportions qui constituent l'eau.

Dans le chapitre où je traiterai du sucre de betterave, j'aurai l'occasion de donner de plus grands développemens à cette importante matière.

ARTICLE IV.

Cire.

Quoique la cire ne puisse s'extraire en quantité considérable que des baies du *mirica cerifera*, elle n'en existe pas moins dans la plupart des plantes; les feuilles de plusieurs arbres en contiennent. Il s'en forme également par la décomposition des sucs de quelques racines; car lorsque les premières opérations qu'on exécute sur le jus de betterave pour en tirer le sucre, n'ont pas été bien conduites, du moment que le sirop concentré est mis en ébullition pour terminer la cuite, il se développe à la surface une écume gluante, épaisse, blanchâtre, qui, enlevée avec l'écumoir et mise à sécher, a tous les caractères de la cire. Elle est insoluble dans l'eau et l'alcool, elle brûle comme la cire, en a la consistance, et n'en diffère sous aucun rapport. C'est cette matière qui s'attache aux parois des chaudières pendant l'ébullition, lorsque les sirops sont épaissis au-dessus du trente-cinquième degré du pèse-liqueur de Baumé : c'est elle qui détermine la *combustion* de la cuite et ne permet plus de la porter au degré convenable pour obtenir une bonne cristallisation. On ne saurait apporter trop de soins dans les opérations qui précèdent, pour prévenir cette dégénération, qui seule a occasionné la chute de presque tous les établissemens de sucre de betteraves qui s'étaient formés en 1810.

La presque totalité de la cire qui est employée dans les arts et dans les usages domestiques est préparée par les abeilles, qui en construisent les cellules de leurs ruches.

La cire produite par les abeilles se trouve en lames ou plaques sous les écailles qui recouvrent l'abdomen de l'insecte. Il paraît que c'est une transsudation qui s'épaissit, et que l'abeille détache par le frottement pour en former ses alvéoles.

Pour blanchir la cire, on la verse liquide sur la surface d'un cylindre, en partie immergé dans l'eau, et auquel on imprime un mouvement de rotation très-rapide. La cire, qui coule continuellement sur la surface mouillée du cylindre, se fige en rubans très-minces, qu'on expose au soleil, sur des toiles, pendant quelque temps, pour qu'elle acquière une blancheur éclatante.

Dans l'élaboration de la cire, les abeilles ne paraissent lui donner aucun caractère animal : ce produit est absolument de la même nature que celui qui est fourni directement par quelques végétaux.

Les guêpes forment aussi des cellules qui leur servent aux mêmes usages que celles des abeilles ; mais leur tissu est ligneux et uniquement formé par des parcelles de la partie fibreuse des végétaux, qu'elles lient entre elles par un gluten animal.

D'après l'analyse qu'en ont faite MM. Gay-Lussac et Thénard, cent parties de cire sont composées de :

Carbone	81,784
Oxigène	5,544
Hydrogène	12,672

La propriété qu'a la cire de brûler sans que la flamme répande ni odeur ni fumée, en a fait adopter généralement l'usage pour éclairer les appartemens du riche; le suif et les huiles communes ont été constamment l'apanage du pauvre, jusqu'à ces derniers temps, où la physique et la chimie se sont réunies pour perfectionner l'éclairage par le moyen de l'huile.

ARTICLE V.

Huiles.

Les huiles sont des corps gras, onctueux, plus ou moins fluides, insolubles dans l'eau, formant des savons avec les alcalis, brûlant et s'évaporant à divers degrés de chaleur : c'est sur-tout cette dernière propriété qui établit entre elles une grande différence, d'après laquelle on les a distinguées en huiles *fixes* et en huiles *volatiles* (*).

(*) Je ne changerai pas la dénomination générique d'*huile*, par laquelle on désigne depuis long-temps deux substances si différentes entre elles ; mais je dois faire observer que les qualités qui leur sont communes ne suffisent pas pour les faire confondre sous le même nom, et qu'elles présentent tant de différence sous tous les rapports, qu'on eût dû en former deux sortes de produits, désignés par des noms spéciaux.

1°. Les huiles fixes sont insolubles dans l'alcool, les huiles volatiles ne le sont pas.

2°. Les huiles fixes n'ont en général ni odeur ni saveur ; les huiles volatiles sont âcres, caustiques et très-odorantes.

3°. La propriété de brûler, commune aux deux sortes

Les huiles fixes sont contenues dans les graines et les fruits, d'où on les retire par expression.

La première qu'on extrait est la plus pure, on la distingue par le nom d'*huile vierge*; celle qui suit est de plus en plus altérée par le mélange d'autres principes contenus dans le fruit soumis à la pression.

C'est sur-tout le mucilage, plus ou moins abondant dans les graines, qui, par son mélange avec l'huile, en altère la pureté.

d'huiles, appartient à toutes les substances végétales proprement dites.

4°. Les huiles fixes ne sont fournies à nos usages que par les graines et les fruits; on peut extraire plusieurs huiles volatiles de toutes les parties du végétal.

5°. Les huiles fixes sont, pour la plupart, employées comme aliment; les huiles volatiles ne servent que dans les arts.

6°. L'huile fixe ne s'évapore qu'à un haut degré de chaleur; les huiles volatiles se dissipent dans l'air à la température de l'atmosphère, et s'exhalent en entier.

7°. La propriété qu'ont les huiles de former des savons n'est pas exclusive, puisque beaucoup d'autres substances animales et végétales en jouissent.

Ainsi, ce qu'on appelle huiles volatiles n'est qu'un *arome liquide* ou *concret*, et c'est dans la classe des aromes qu'il eût fallu les ranger.

Après avoir retiré toute l'huile qu'on peut
extraire par l'effort de la presse, on est dans
l'usage d'humecter le marc avec de l'eau bouillante, pour le soumettre à une plus forte
pression; mais cette huile entraîne avec elle
une grande quantité de mucilage, et on ne
l'emploie généralement que dans les ateliers.

Il est des pays où l'on entasse les fruits
pour en faciliter la fermentation, avant de
les soumettre à la pression. Dans ce cas,
l'extraction de l'huile en devient plus facile;
la quantité de produit est plus considérable,
mais la qualité en est moindre. On obtient de
semblables résultats en broyant préalable-
ment les fruits.

Il ne faut pas cependant condamner ces
méthodes comme vicieuses, parce que la
grande consommation de l'huile se fait dans
les savonneries, teintureries, ateliers de dra-
peries, etc., et cette qualité d'huile y est recherchée et préférée à l'huile fine. Les savans peuvent bien condamner les procédés
employés pour extraire les huiles, et en prescrire de nouveaux, d'après lesquels on les
obtiendra plus pures et de meilleur goût;

mais la grande consommation des huiles se
fait dans les fabriques, où les huiles fines
remplacent imparfaitement les huiles grossières. Ainsi, en perfectionnant leur fabrication, on en restreindrait les usages. Sans
doute lorsqu'il s'agit de préparer l'huile pour
nos usages domestiques, il faut tâcher de l'obtenir la plus pure qu'il est possible ; mais
lorsqu'on la destine aux procédés de l'industrie, par exemple à la fabrication du savon,
il est avantageux qu'elle soit en combinaison
avec une portion de mucilage. Le grand art
du fabricant consiste toujours à approprier
ses produits aux besoins et au goût du consommateur.

Lorsque le mucilage est tellement abondant
dans une graine huileuse, que l'expression n'en
retirerait qu'une combinaison pâteuse d'huile
et de mucilage, on torréfie la graine, on
dessèche le mucilage pour lui enlever toute
fluidité, et alors l'huile coule pure. C'est
ainsi qu'on opère sur les graines de lin, de
pavot, de jusquiame, etc.

Presque toutes les huiles sont colorées, et
conservent plus ou moins des principes qui

leur étaient unis dans le fruit. Ces principes, qui leur sont étrangers, nuisent à quelques-uns de leurs effets, et on s'est long-temps occupé de trouver le moyen de les en dépouiller.

Le seul séjour prolongé de l'huile dans de grands vases de terre cuite, exposés dans un lieu frais, la clarifie jusqu'à un certain point: Il se forme un dépôt, et l'huile en est plus limpide, plus pure et meilleure.

Si l'on met de l'huile dans un vase, et qu'on l'expose au soleil, la couleur disparaîtra peu-à-peu.

Pour rendre l'huile de colza plus propre à l'éclairage, on met environ un pour cent d'acide sulfurique dans une grande terrine, on y verse promptement l'huile qu'on veut clarifier, et on agite avec soin le mélange; l'huile devient verte; et il se forme, par le repos, sur les parois et dans le fond du vase, un dépôt noirâtre, qui est principalement composé de carbone; on renouvelle l'opération après quelques jours, si l'huile n'a pas acquis la limpidité convenable. Avant de l'employer, il faut la laisser en repos pendant quelque temps. Il paraît que, dans cette opération, l'acide brûle le mucilage et le précipite.

Plus les huiles fixes contiennent de mucilage, plustôt elles rancissent.

Les huiles fixes sont très-peu siccatives; mais il en est qui, combinées avec des oxides métalliques, acquièrent cette propriété, ce qui étend singulièrement leurs usages; car dès-lors on peut les employer comme vernis, pour en recouvrir les corps qu'on veut garantir de l'eau et de l'air, et comme excipient des couleurs, pour les appliquer, au pinceau, sur la toile, le bois et les métaux: les huiles de lin, de noix et d'œillet, jouissent principalement de cette propriété. Celle de lin, qui est la plus employée, portée à la chaleur de l'ébullition, peut dissoudre le quart de son poids de l'oxide de plomb connu dans le commerce sous le nom de *litharge*. Elle brunit à mesure que la dissolution s'opère, elle se fige par le refroidissement lorsqu'elle est saturée d'oxide, et il faut la liquéfier par la chaleur, du moment qu'on veut l'employer. L'huile de lin saturée d'oxide, appliquée au pinceau sur un corps quelconque, se fige promptement, et forme une couche impénétrable à l'eau, très-flexible sans être gluante, et ayant beaucoup d'analogie avec la gomme élastique.

Si on forme un mastic avec cette huile ainsi préparée et avec les débris ou *cassons* broyés de porcelaine, ou d'une poterie de grès bien cuite, on peut s'en servir avec un grand succès pour mastiquer les joints des pierres sur les terrasses, dans les cuviers et dans les bassins : lorsqu'on veut former ce mastic, on fait chauffer l'huile siccative, qu'on incorpore avec le ciment bien pulvérisé, à l'aide de la truelle, et on l'applique chaud : en cet état, il pénètre dans la pierre de l'épaisseur de demi-ligne; il sèche, durcit aisément, et ne se gerce jamais.

Lorsque l'huile de lin est destinée à servir d'excipient aux couleurs, il suffit de la rendre siccative, par un vingtième ou au plus un dixième de litharge.

La consommation des huiles fixes est immense, par rapport aux usages nombreux auxquels on les fait servir : elles font la base des savons mous et des savons durs, selon qu'on les combine avec la potasse ou la soude; elles forment la principale préparation qu'on donne au coton, pour pouvoir y fixer, de la manière la plus solide, les couleurs de la garance; on les emploie dans tous les ateliers de la filature et du cardage des laines, pour faciliter les opérations : c'est par le moyen de l'huile qu'on adoucit et rend plus régulier le jeu des mécaniques, et qu'on modère et ralentit l'action destructive des frottemens; c'est encore par elle qu'on préserve les métaux de la rouille.

La plus grande consommation des huiles fixes a lieu pour l'éclairage; mais comme elles répandent toutes en brûlant une fumée plus ou moins épaisse, et une lumière peu vive, on en avait restreint l'usage et préféré la cire, jusqu'au moment où, Argant, en faisant passer un courant d'air très-rapide au milieu des mèches circulaires surmontées d'un cylindre de verre, a trouvé le moyen de brûler la fumée et de rendre la lumière plus vive et plus brillante.

Les produits de la combustion des huiles fixes sont de l'eau et de l'acide carbonique;

ce qui annonce que leurs principes constituans sont le carbone, l'oxigène et l'hydrogène, que MM. Thénard et Gay-Lussac y ont
trouvés dans les proportions suivantes :

Carbone................ 77,213 pour cent.
Oxigène 9,427
Hydrogène............ 15,360

Les huiles volatiles (ou huiles essentielles)
se volatilisent plus aisément que les huiles
fixes, s'enflamment à un moindre degré de
chaleur, se dissolvent dans l'alcool, exhalent
une forte odeur qui sert à les distinguer entre elles, et impriment sur la langue une saveur vive, âcre et brûlante.

Les huiles volatiles n'appartiennent point
exclusivement aux mêmes produits de la végétation : elles sont quelquefois distribuées
dans toute la plante, comme dans l'angélique
de Bohême, souvent dans les feuilles et les
tiges, comme dans la mélisse, la menthe et
l'absinthe ; l'aunée, l'iris de Florence, la be-
noîte, contiennent leur huile dans la racine ;
le thym, le romarin, le serpolet, dans les
feuilles et le bouton de la fleur ; la lavande

le thym, le romarin, le serpolet, dans les feuilles et le bouton de la fleur; la lavande et la rose dans le calice; la camomille, le citronnier, l'oranger, dans la fleur, sur-tout dans les pétales et l'écorce du fruit des deux derniers; l'anis et le fenouil ont leur huile dans des vésicules rangées sur des lignes saillantes qu'on aperçoit sur l'écorce.

Les huiles volatiles varient par la couleur, la consistance et la pesanteur; il en est qui sont plus pesantes que l'eau, telles que celles de sassafras et de girofle; il en est qui sont constamment à l'état concret, à la température ordinaire de l'atmosphère, telles que celles de rose, de persil, etc.

Pour extraire les huiles volatiles on emploie deux méthodes, l'expression et la distillation.

Lorsque l'huile est enfermée dans des vésicules saillantes, comme dans les écorces de citron ou de bergamote, il suffit de replier ces écorces sur elles-mêmes, pour rompre ces cellules et en faire jaillir l'huile. On peut déchirer ces écorces avec une râpe, en recevoir la pulpe dans un vase, et séparer l'huile du parenchyme, par une légère pression ou par quelques jours de repos. La pulpe se sépare d'elle-même et se précipite, l'huile seule surnage.

Lorsqu'on râpe ces écorces avec un morceau de sucre, l'huile se combine avec lui, et forme un *oleo-saccharum* très-propre à aromatiser des liqueurs.

A l'exception de celles dont je viens de parler, toutes les huiles volatiles sont extraites par la distillation : à cet effet, on met la plante dans la chaudière de l'alambic, on y verse de l'eau jusqu'à ce qu'elle en soit recouverte, et on porte à l'ébullition ; l'huile s'évapore avec l'eau, se condense avec elle dans le serpentin, et elles coulent ensemble dans le récipient ; l'huile surnage, et on la sépare de l'eau, qui reste laiteuse : cette eau est employée de préférence pour de nouvelles distillations. On emploie ordinairement un récipient à goulot étroit, dans lequel l'huile se ramasse ; tandis que l'eau s'échappe par un tuyau latéral placé à quelques pouces plus bas que l'orifice.

Dans le midi de l'Europe, où l'on prépare

en grand quelques huiles volatiles, les distillateurs établissent leurs appareils portatifs en plein air, et dans les lieux qui leur présentent une ample récolte de plantes aromatiques; ils transportent ailleurs leur petit atelier dès qu'ils ont épuisé toutes celles qui étaient autour d'eux.

Les huiles volatiles sont sur-tout employées à composer des parfums; on les fait même servir souvent à cet usage sans les mélanger avec d'autres substances.

Ces huiles servent encore à composer des vernis, par la propriété qu'elles ont de dissoudre des couleurs, et de s'évaporer dès qu'on les a appliquées.

ARTICLE VI.

Résines.

La résine est très-commune dans le règne végétal; mais c'est sur-tout des arbres qui constituent le genre nombreux des pins, sapins, etc., qu'on l'extrait; la sève que contiennent ces arbres n'est presque que de la résine, et on les a appelés *arbres résineux,*

par rapport à l'abondance de cette substance.

Lorsque la chaleur commence à ramollir
la sève, et à lui imprimer du mouvement, il
suffit de pratiquer des entailles au bas du
tronc de l'arbre, de manière à pénétrer sous
l'écorce et à entamer l'aubier, pour déterminer l'écoulement de la résine au dehors.
C'est sur-tout dans le parenchyme de l'aubier
et de l'écorce qu'elle est la plus abondante.
On rafraîchit et l'on agrandit la plaie de quinze
en quinze jours.

La résine cesse de couler du moment que
le retour des froids la fige dans les cellules.

Un arbre sain et bien venu peut fournir
douze à quinze livres de résine par an.

Lorsque les arbres sont morts, ou qu'on
les a coupés, on extrait la résine qu'ils contiennent par un autre procédé : on rejette les
jeunes branches et l'écorce, et on réduit le
bois en copeaux ou en petits morceaux qu'on
réunit en tas; on recouvre la surface de manière à ne laisser qu'une ouverture au sommet; le feu qu'on allume dans la partie supérieure suffit pour fondre la résine, qui

coule vers la partie inférieure, et se rend, par des canaux, dans des vases qui la reçoivent.

Cette résine est noire; elle est mêlée d'une grande quantité d'acide pyroligneux et d'huile volatile. On la connaît dans le commerce sous le nom de *goudron* (*).

Les qualités du goudron varient selon les soins qu'on a apportés à son extraction.

Lorsque la chaleur est trop forte, on laisse évaporer l'huile volatile, et le goudron est sec et cassant; il se gerce dès qu'on l'a employé, et rend les corps qu'on enduit peu souples et peu ductiles.

Le goudron de nos climats méridionaux avait tous ces défauts, et les arsenaux de la marine étaient forcés de ne s'approvisionner que de celui du nord de l'Europe; mais aujourd'hui on a perfectionné les fourneaux d'après les procédés de M. Darracq, de manière que toute l'huile volatile se condense,

______

(*) On peut voir dans ma *Chimie appliquée aux arts*, volume II, page 425 à 445, la description des procédés employés pour extraire les résines et former toutes les préparations résineuses connues dans le commerce.

et que le goudron en est plus onctueux, plus gras et très-propre à tous les usages; la marine l'emploie à l'égal des meilleurs goudrons du Nord.

Les résines sont très-solubles dans l'alcool et insolubles dans l'eau.

Elles se liquéfient à une faible chaleur, s'enflamment aisément, et répandent beaucoup de fumée par la combustion. Dans plusieurs de nos montagnes, le paysan n'éclaire son sombre manoir qu'en brûlant le bois dur des arbres résineux.

La solubilité des résines dans l'alcool en a fait la base des vernis à l'*esprit de vin*. Le dissolvant qui s'évapore lorsqu'on a appliqué le vernis, laisse une couche de résine, qui garantit les corps de l'action de l'air et de l'eau, et leur donne de l'éclat, du luisant, et de belles couleurs qu'on peut varier à l'infini.

La fumée des résines, condensée et recueillie dans des chambres tendues de toile ou de papier, forme le *noir de fumée*, dont l'emploi est commun dans la peinture, la teinture, l'imprimerie et la composition des vernis.

D'après les expériences de MM. Thénard et Gay-Lussac, cent parties de résine commune contiennent :

Carbone.................. 75,944
Oxigène.................. 13,337
Hydrogène.............. 10,719

ARTICLE VII.

Fibre végétale.

La fibre végétale forme la charpente de toutes les parties solides du végétal.

On peut la mettre à nu par l'action répétée de l'eau et de l'alcool, aidée de la chaleur, et par une longue macération dans l'eau, ou par la distillation. Par le premier moyen, on dissout les sucs qui sont logés dans les intervalles des fibres; par le second, on les décompose par la fermentation; le troisième est le moins parfait, attendu qu'on n'extrait que les principes qui peuvent être volatilisés par le feu, et que le carbone de tous les corps reste uni à celui de la fibre, décomposée elle-même, qui conserve sa forme.

La fibre, ramenée à son état de pureté par

l'une ou l'autre des deux premières opérations, donne une flamme jaune en brûlant; elle est insoluble dans l'eau et l'alcool, et jouit d'une grande flexibilité. La fibre est presque pure dans quelques parties des végétaux, telles que les filamens qui enveloppent plusieurs graines, avec lesquels on fait des tissus lorsqu'ils sont souples et longs.

L'industrie a tiré un grand parti de la fibre végétale, en séparant, par des procédés ingénieux et simples, toutes les substances qui pourraient en faciliter la putréfaction ou en diminuer la flexibilité : ainsi, en faisant macérer dans l'eau les tiges du lin, du chanvre, du genêt, de l'ortie et les feuilles de l'agavé, on en extrait les sucs par la dissolution et la fermentation, et il ne reste que la fibre flexible, avec laquelle on fait les tissus de toile, les fils à coudre et les cordages, qui sont d'un si grand usage dans la société.

Il paraît aujourd'hui qu'on s'est mépris lorsqu'on a cru qu'en assouplisssant ces tiges par des machines, on pouvait se dispenser de les faire rouir dans l'eau. La mécanique en détache bien réellement une partie des sucs concrets, mais il en reste de très-adhérens à la fibre, qu'on ne peut enlever que par la macération dans l'eau, et qui, s'ils existaient dans les tissus, nuiraient à leurs usages et en entraîneraient la détérioration.

La finesse de la fibre végétale n'est pas la même dans toutes les tiges dont je viens de parler, celles du lin sont les plus fines et les plus déliées ; on en compose les toiles les plus précieuses, telles que les batistes et les linons ; celles du chanvre occupent le second rang et sont d'un usage plus général. On fait des toiles grossières avec les pousses annuelles du genêt, et l'on fabrique des cordages avec les feuilles de l'agavé.

A mesure que les tissus formés avec la fibre végétale s'usent, cette fibre devient plus molle et plus souple ; elle perd de sa consistance et de sa ténacité ; et lorsqu'elle est parvenue à cet état, on réunit la force mécanique, qui divise et déchire, à l'action putréfiante des liquides, qui rompt la cohésion entre les parties : on forme par ce moyen une pâte liquide, où toutes les molécules sont distinctes et séparées, sans liaison entre elles, nageant isolément dans l'eau ; mais pouvant se réunir et se rattacher fortement l'une à l'autre, lorsqu'on enlève l'eau qui les sépare et les désunit : c'est là ce qui s'exécute par une suite d'opérations qui constituent l'art du *fabricant de papier*.

Lorsqu'on a ainsi réduit les *chiffons* en bouillie, on la coule sur un crible qui laisse passer l'eau et retient une légère couche de la pâte : celle-ci prend déjà quelque consistance et en acquiert une plus forte par la dessication. Chaque couche forme alors une *feuille*, qui n'a besoin que d'être lissée et collée pour servir à l'écriture.

Quoique le fabricant de papier n'emploie que des chiffons pourris, il retrouve dans ses produits la même inégalité de finesse que j'ai déjà fait observer en parlant de la fabrication des tissus : c'est avec les chiffons de toile de lin qu'il fait le plus beau papier, et avec les débris des cordages qu'il fabrique le plus grossier.

Le charbon ne contient guère que les principes constituans de la fibre végétale, les autres élémens en ont été séparés par l'action de la chaleur.

Comme le carbone forme la base de la fibre, je ne crois pas pouvoir me dispenser de parler ici du charbon : d'ailleurs ses usages sont si étendus, que ce produit doit trouver sa place naturellement dans un ouvrage de la nature de celui que je publie.

Les végétaux dont la combustion est la plus intense et la plus durable sont ceux dont les fibres sont les plus serrées et les plus sèches ; leur flamme est moins développée, mais la chaleur est plus forte, et la qualité supérieure du charbon qui se forme les fait préférer pour le chauffage domestique et dans plusieurs opérations des arts.

Dans quelques ateliers, où l'on est forcé d'appliquer la chaleur à des produits qui, par leur réunion, présentent un grand volume, comme dans les fabriques de poterie et de porcelaine, dans les fours à chaux, etc., on préfère alors le menu bois bien sec, qui donne beaucoup de flamme et laisse moins de charbon pour résidu.

Les végétaux où les fibres longitudinales prédominent et sont disposées en faisceaux compactes et serrés, réunissent toutes les qualités désirables pour la combustion; mais elle est beaucoup plus imparfaite lorsque la fibre n'a pas acquis sa densité et qu'elle est encore imprégnée de sucs nutritifs, que lorsqu'elle est durcie par l'âge et a passé à l'état de bois.

Le terrain, l'exposition, le climat, les saisons modifient encore singulièrement la fibre dans les végétaux de même espèce.

Les végétaux de même nature élevés dans un sol sec et aride ont la texture plus compacte, plus dure que ceux qui sont nourris dans un terrain humide et gras; leurs produits sont plus parfumés, les huiles volatiles plus abondantes; leur tissu est plus difficile à décomposer, la combustion et la chaleur qu'ils développent sont plus intenses. Personne n'ignore que les bois exposés au midi brûlent mieux que ceux qui sont exposés au nord, qu'ils ont le tissu plus dur, et qu'ils résistent plus long-temps à l'action destructive de l'air et de l'eau lorsqu'on les a coupés. Cette observation avait été faite par Pline sur les bois des Apennins.

Les plantes du midi cultivées dans le nord y perdent leur parfum, et les végétaux insipides du Groënland acquièrent de la saveur et de l'odeur dans les jardins du midi de l'Europe.

Au printemps, les arbres sont imprégnés de sucs ; on n'en extrait que du mucilage : en automne, on y trouve des huiles, de l'amidon, du sucre, etc. Le docteur Plot avait observé, en 1692, que les arbres coupés en sève étaient dévorés par les vers, qu'ils se déjetaient en séchant et duraient peu. Jules-César s'était déjà convaincu de cette vérité en faisant construire des vaisseaux avec du bois coupé au printemps ; et Vitruve conseille de n'abattre les arbres qu'à la fin de l'hiver : *Quia acris hyberni vis comprimit et consolidat arbores.*

La fibre végétale, brûlée à l'air libre, donne une flamme jaune, et il se dégage de l'eau et de l'acide carbonique ; distillée dans des vaisseaux clos, elle laisse du charbon pour résidu : c'est par ce procédé que l'on convertit le bois en charbon pour l'approprier à plusieurs usages.

La méthode la plus généralement employée pour charbonner le bois, consiste à couper les branches et les jeunes pieds des arbres sur une longueur d'environ trois pieds, sur deux pouces de diamètre; on dispose ces bûches sur le sol parallèlement entre elles, et on les élève, en formant une demi-sphère, à la hauteur de six à huit pieds; on revêt ensuite la surface d'une couche de terre ou de mottes de gazon, et on met le feu au tas à l'aide d'une ouverture ou cheminée qu'on a pratiquée dans le centre. Toute la masse s'échauffe en peu de temps; l'eau, l'acide et l'huile s'évaporent en fumée; et lorsque la fumée cesse et que le bois est réduit partout à l'état d'un corps noir et sonore quand on le frappe avec un corps dur, on démonte l'appareil.

Ce procédé est vicieux en ce qu'on brûle une partie du bois qu'on veut charbonner; il est encore vicieux, parce qu'il exige une grande habitude pour charbonner également toute la masse.

Les bois rendent en charbon vingt ou trente pour cent de leur poids, selon leur nature et la manière dont l'opération a été conduite.

Le charbon diffère en qualité d'après celle

du bois qui le produit : il est pesant, dur et très-sonore lorsque la fibre du bois est très-compacte, c'est le meilleur de tous; la chaleur qu'il développe est vive, forte, et sa combustion, quoique ardente, dure long-temps : le charbon du chêne vert du midi tient au feu au moins deux fois plus que celui du chêne blanc du nord de la France, et ses effets, par la chaleur qu'il produit, sont dans une plus forte proportion.

Les bois légers, poreux, tels que les bois blancs, donnent un charbon léger, tendre et spongieux qui se réduit facilement en poussière et se consume en peu de temps dans nos foyers ; néanmoins, ce charbon a son emploi, et on le prépare pour la fabrication de la poudre par le procédé suivant.

On creuse une fosse carrée dans un terrain sec d'environ quatre pieds de profondeur, sur cinq à six de largeur; on rassemble tout autour les jeunes branches de bourdaine, de peuplier, de noisetier ou de saule, dont on a séparé les pousses de l'année et les feuilles ; on échauffe la fosse avec du menu bois : lorsqu'on juge la chaleur suffisante, on y jette le bois qu'on veut charbonner, et on remplit la fosse peu-à-peu : dès que la carbonisation est à son terme, on recouvre la fosse avec une couverture de laine mouillée.

Ce charbon, plus léger, plus inflammable, susceptible d'une pulvérisation plus prompte et plus parfaite que celle des bois durs, entre dans la composition de la poudre : M. Proust, qui a fait de nombreuses expériences pour déterminer l'espèce de végétal qui fournissait le charbon le plus propre à cette fabrication, a trouvé que celui des chenevottes du chanvre était préférable à tous les autres.

On a perfectionné de nos jours les procédés de carbonisation en opérant dans des appareils parfaitement clos : à cet effet, on construit en bonne maçonnerie un bâtiment carré de dix-huit à vingt-cinq pieds de diamètre, on le termine par une voûte, et on revêt tout l'intérieur d'un contre-mur en briques. On distribue des cylindres de fonte dans la capacité, de manière que l'une de leurs deux ouvertures communique au dehors, tandis que l'autre porte la fumée dans les cheminées latérales. On chauffe l'intérieur de ces cylindres dès que le bâtiment est chargé du bois qu'on veut carboniser. La vapeur qui se dégage du bois qu'on distille est reçue dans des tuyaux de tôle placés au sommet, qui la portent dans des cuviers, où elle arrive condensée.

On varie beaucoup la forme et les dimensions des appareils de carbonisation à vaisseaux clos ; mais de tous ceux que j'ai eu occasion de voir, le plus parfait me paraît être celui que je viens de décrire.

Ces appareils réunissent plusieurs avantages, qui font plus que compenser les frais d'établissement : le premier de tous, c'est de donner une plus grande quantité de charbon que par les procédés ordinaires ; le second, de produire constamment un charbon bien fait et bien net ; le troisième, de fournir une grande quantité d'acide pyroligneux, qu'on peut vendre dix à douze francs la barrique, et qui, épuré et clarifié, peut remplacer le vinaigre dans tous ses nombreux usages.

Outre l'emploi très-étendu qu'on fait du charbon, soit dans les ateliers de l'industrie, soit dans nos foyers domestiques, on lui a reconnu encore la propriété de détruire la plu-

part des odeurs puantes, et d'empêcher ou de
ralentir la putréfaction : on l'emploie aujour-
d'hui pour filtrer les eaux, les clarifier et
leur enlever la mauvaise odeur qu'elles exhalent dans quelques cas; on charbonne l'intérieur des futailles d'après le procédé de
M. Berthollet, et l'on prévient l'altération et
le mauvais goût qu'y contracte l'eau lorsqu'elle y séjourne long-temps. Je ne doute
pas qu'on ne produisît le même effet pour
le vin, qui très-souvent prend un goût de
fût dans les tonneaux et devient impotable.

L'analyse du bois de chêne et de celui de
hêtre a donné à MM. Gay-Lussac et Thénard les résultats suivans :

Cent parties bois de chêne,

> Carbone.................... 52,55
> Oxigène.................... 41,78
> Hydrogène 5,69

Cent parties bois de hêtre,

> Carbone................... 51,45
> Oxigène................... 42,73
> Hydrogène................. 5,82

ARTICLE VIII.

Gluten et albumine.

Le gluten et l'albumine sont des substances que l'on trouve parmi les produits du règne végétal, et qui ont toutes les propriétés des matières animales : elles produisent abondamment de l'ammoniaque par la distillation et la putréfaction.

On ne doit pas confondre l'albumine avec le gluten; quoique se rapprochant par quelques propriétés qui leur sont communes, ces substances diffèrent essentiellement entre elles.

L'albumine est un fluide insipide, soluble dans l'eau froide, d'où l'alcool, les acides et le tannin la précipitent; mais la propriété la plus caractéristique qu'elle possède, c'est celle de se coaguler à la chaleur de quarante-cinq à cinquante degrés du thermomètre centigrade.

Proust, Clark, Fourcroy et Vauquelin ont successivement prouvé l'existence de l'albumine dans le suc et les fruits de plusieurs végétaux.

Le blanc d'œuf est de l'albumine pure : les différentes parties des animaux en contiennent presque toutes ; le sang est une de celles qui en fournissent le plus.

Indépendamment de la propriété qu'a l'albumine de servir d'aliment, elle est employée dans les arts à beaucoup d'usages ; on s'en sert sur-tout pour clarifier les dissolutions : à cet effet, on la délaie dans l'eau, et on la mêle avec ces dissolutions. Lorsque la chaleur est portée à trente-cinq ou quarante degrés, on agite le mélange pour répartir également dans toute la masse les molécules de l'albumine ; elles se coagulent par les progrès de la chaleur, se saisissent de toutes les parties insolubles qui troublent ou salissent le bain, et s'élèvent à la surface, où elles forment une couche d'écume, qui durcit par le refroidissement, et qu'on enlève avec l'écumoire ; on filtre alors la liqueur pour en ôter tout ce qui a pu y rester en suspension.

Le suc du fruit de l'*hibiscus esculentus* contient une si grande quantité d'albumine, qu'on l'emploie, à la Dominique, pour clarifier le vesou ; à la Martinique et à la Guadeloupe, on a fait servir au même usage l'écorce de l'orme pyramidal.

Comme l'albumine sèche facilement et couvre d'un vernis luisant et bien uni tous les corps sur lesquels on l'applique en couches très-minces, on s'en sert pour lustrer les tableaux, les boiseries, etc.

En s'emparant de l'eau de l'albumine du blanc d'œuf, par une petite quantité de chaux vive réduite en poudre, et imbibant de ce mélange des lanières de linge, on forme un excellent lut qu'on peut appliquer sur les joints des vases distillatoires, afin d'éviter toute déperdition de gaz et de vapeurs.

On préfère les blancs d'œufs pour tous ces usages, parce que l'albumine en est plus pure.

L'analyse des blancs d'œufs a fourni à MM. Gay-Lussac et Thénard les résultats suivans :

Cent, albumine du blanc d'œuf,

Carbone	52,883
Oxigène	23,872
Hydrogène	7,540
Azote	15,705

Le gluten paraît être plus répandu dans le règne végétal que l'albumine; on l'extrait des glands, des châtaignes, des marrons, des pommes, des coings, du froment, de l'orge, du seigle, des pois, des fèves, des feuilles du chou, du cresson, de la ciguë, de la bourrache, du safran, des baies de sureau, du suc de raisin, etc.

Mais le grain de froment est celui de tous ces produits qui contient le plus de gluten, et c'est de cette substance qu'on le retire ordinairement.

Pour extraire le gluten, on pétrit la farine de froment avec de l'eau, et on malaxe cette pâte, au courant d'eau d'un robinet, jusqu'à ce que ce liquide coule clair au-dessous : l'amidon, le sucre et tous les autres principes que l'eau peut entraîner ou dissoudre, se séparent successivement, et il ne reste dans les mains qu'une substance molle, élastique, gluante, ductile, tenace, légèrement transparente, se collant aux doigts dès qu'elle a perdu son humidité, et exhalant une odeur analogue à celle de la liqueur séminale : c'est cette matière qu'on a appelée *gluten* ou principe *végéto-animal.*

Le gluten est insipide, il brunit à l'air et se putréfie comme les substances animales; l'alcool ne peut pas le dissoudre et l'eau l'attaque légèrement; la combustion et la distillation en dégagent les mêmes produits que ceux que fournissent les matières animales.

Le gluten et l'amidon forment la presque totalité de la composition du blé : M. Davy nous a donné les résultats suivans, d'après l'analyse du blé de différens pays.

Cent parties blé d'automne d'une excellente qualité,

> Amidon.................. 77
> Gluten.................. 19

Cent, blé du printemps,

> Amidon.................. 70
> Gluten.................. 24

Cent, blé de Barbarie,

> Amidon.................. 74
> Gluten.................. 23

Cent, blé de Sicile,

Amidon...................... 75
.Gluten..................... 21

Les blés des pays méridionaux contiennent plus de gluten que ceux du nord, et les blés durs en fournissent plus que les blés tendres provenant des mêmes pays.

Plus les blés sont riches en gluten, plus la fermentation panaire est parfaite.

Les pâtes d'Italie se fabriquent de préférence avec les blés durs de la Crimée; ceux du Nord ne sont pas aussi propres à cette fabrication.

Parmi les graines des différentes espèces de céréales, celles qui donnent le meilleur pain, et celles dont la pâte *lève* ou fermente le mieux sont celles qui contiennent le plus de gluten. On peut les ranger dans l'ordre suivant :

1°. Froment qui possède en gluten de dix-huit à vingt pour cent de son poids.

2°. Orge de cinq à huit pour cent.

3°. Seigle de demi à un pour cent.

4°. Avoine de demi à deux pour cent.

Lorsque l'altération des grains ou des farines en a détruit le gluten, le pain qui en provient est mauvais et nuisible à la santé. Les grains et les farines ainsi altérés ne peuvent et ne doivent plus être employés que dans les fabriques d'amidon.

Les farines dépourvues ou peu riches en gluten, avec lesquelles on veut néanmoins faire du pain, tournent à l'aigre par la fermentation; la pâte ne se gonfle point, et le pain est acide, lourd, indigeste.

Il y a des substances très-nutritives, telles que les pois, les pommes de terre et les fèves, où l'amidon est combiné avec les mucilages, au lieu de l'être avec le gluten, comme dans les céréales : ces substances, réduites en farine, ne peuvent pas seules former du pain; mais on les mêle avec le froment, pour augmenter le produit en pain dans les années de disette. Ce pain composé n'est pas aussi bien fermenté que s'il était de froment pur; mais il est sain et bon au goût : il se conserve même frais plus long-temps.

ARTICLE IX.

Le tannin.

Le principe tannant abonde dans les végétaux.

Le tannin est d'un jaune brun, il est très-astringent et se dissout dans l'eau et l'alcool avec facilité; mais la propriété la plus caractéristique du tannin, c'est celle de se combiner avec la gélatine, lorsqu'on mêle sa dissolution avec celle de cette substance. Il précipite en noir le fer de toutes ses dissolutions, et forme la base de la composition de l'encre à écrire et de la plupart des couleurs noires qu'on porte sur les étoffes.

Il est difficile de se procurer le tannin à son plus grand degré de pureté; on n'y parvient que par des opérations délicates, dont l'exécution suppose l'habitude des travaux chimiques; mais il n'est pas nécessaire de le purger de toutes les matières étrangères auxquelles il est uni, pour l'employer utilement aux divers usages auxquels on l'a consacré : la grande affinité qu'il a avec la gélatine fait que celle-ci se combine avec lui, jusqu'à ce que les substances qui le contiennent en soient épuisées : c'est de cette manière qu'on a déterminé les proportions du tannin dans les différentes écorces de bois qui servent à convertir les peaux en cuirs.

Le tannin est sur-tout employé à tanner les peaux; et parmi les écorces, celle du chêne est généralement préférée; on met l'écorce broyée et les peaux, par couches alternatives, dans une fosse; on humecte d'abord légèrement les couches de tan pour que l'action du tannin soit plus prompte. A mesure que le tannin se combine avec la gélatine de la peau, la couleur de celle-ci change, elle devient d'un brun jaunâtre et opaque; la consistance augmente, et peu-à-peu ce changement s'opère dans toute l'épaisseur de la peau.

Dès ce moment la peau est transformée en cuir; ce n'est plus qu'une combinaison de gélatine et de tannin. Cette nouvelle combinaison a de la consistance, elle est imputrescible, on peut la couper au couteau par tranches vives, et l'employer à un grand nombre d'usages.

Le meilleur cuir est celui qui s'est formé

lentement et qu'on a laissé séjourner dans la fosse le plus long-temps : dans ce cas, la combinaison s'est faite peu-à-peu, et elle en est plus intime et plus parfaite que lorsqu'on dissout le tannin dans l'eau et qu'on y plonge les peaux. Par ce dernier moyen, on peut bien opérer le tannage de la plus forte peau en quelques jours, mais la qualité du cuir n'est pas la même.

Cependant, depuis que M. Séguin nous a fait connaître que l'art de tanner ne consistait qu'à combiner le tannin avec la gélatine qui forme la presque totalité de la composition de la peau, les procédés du tannage ont été singulièrement perfectionnés : on emploie le jus de tan qui a servi, mais qui n'est pas encore épuisé, pour humecter l'écorce dans les fosses; on accélère l'opération sans nuire aux résultats, et on fait en trois ou quatre mois ce qu'on aurait à peine obtenu en dix-huit d'une poudre d'écorce presque sèche.

Les peaux sèches augmentent en général du tiers de leur poids par le tannage.

Les cuirs diffèrent en couleur, selon l'espèce de corps tannant qu'on a employée.

Le tannin a une grande affinité avec les principes colorans, auxquels, dans beaucoup de cas, il sert de mordant en teinture : il ne doit donc pas paraître étonnant qu'il les fixe sur le cuir d'une manière solide.

ARTICLE X.

Les acides végétaux.

J'ai déjà fait observer que lorsque les proportions de l'oxigène, par rapport à l'hydrogène, dépassaient celles qui sont nécessaires pour former de l'eau, le composé végétal prenait un caractère acide; on doit donc être peu surpris de voir les acides aussi abondans dans les produits de la végétation.

La quantité d'acide végétal varie dans les diverses époques de la végétation, et d'après les circonstances qui influent sur le développement de la plante. Les végétaux exposés à l'ombre ou qui croissent par des temps couverts, froids et pluvieux, ne transpirent point par les feuilles le gaz oxigène, dont la lumière solaire peut seule favoriser l'émission : l'acide carbonique qui est absorbé s'accumule dans les organes, et dès-lors les produits de la végétation prennent un caractère acide. La plupart des fruits qui ne sont pas parvenus à leur maturité sont aigres; mais, dans ce cas, l'acidité provient, sur-tout, en grande partie, de ce que les progrès de la maturation n'ont pas encore développé le mucilage doux et le sucre qui enveloppent l'acide et en corrigent la saveur désagréable.

Les acides végétaux les plus répandus sont, l'acide oxalique, le citrique, le tartarique, le benzoïque, le gallique, l'acétique, le malique, le prussique, etc.

L'analyse des végétaux a présenté un bien plus grand nombre d'acides; mais comme ils n'appartiennent qu'à quelques plantes et que leurs usages sont encore ou inconnus ou très-bornés, je ne crois pas devoir en faire ici l'énumération.

Plusieurs de ces acides cristallisent, et on peut en ramener quelques-uns à l'état concret, du moment qu'on les a séparés des principes avec lesquels ils sont unis dans la plante. Le vinaigre ou acide acétique cristallise lui-même lorsqu'il est très-concentré. M. Mollerat le prépare en cristaux transparens comme la glace.

1°. L'acide oxalique cristallise en prismes à quatre pans, et c'est sous cette forme qu'on le répand dans le commerce.

Cet acide a été trouvé à nu par M. Deyeux dans les poils des pois chiches. On l'extrait aussi de la liqueur exprimée de la même plante ; il en existe dans les tiges d'oseille et dans tous les *rumex*.

On le fabrique par l'action de l'acide nitrique sur plusieurs substances végétales et animales, sur-tout sur le sucre.

L'acide oxalique est soluble dans l'eau et l'alcool : l'eau à la température de douze degrés en dissout moitié de son poids, et l'eau bouillante, poids égal ; l'alcool, cinquante-six pour cent.

Les propriétés caractéristiques de cet acide sont d'enlever la chaux aux autres acides, et de former avec elle un sel insoluble : il a en outre une grande affinité avec les oxides métalliques, sur-tout avec ceux du fer ; c'est sur ces propriétés qu'on a établi les usages auxquels on le fait servir dans les arts.

Lorsqu'on veut s'assurer si une eau tient des sels calcaires en dissolution, on y verse de l'acide oxalique; la liqueur devient trouble s'il en existe, et il se forme un dépôt, qui n'est que de l'oxalate de chaux. L'action est plus prompte lorsque, au lieu d'employer l'acide pur, on se sert de l'oxalate d'ammoniaque, parce qu'alors la décomposition est facilitée par l'échange des principes constituans des sels.

La propriété qu'a l'acide oxalique de dissoudre facilement l'oxide de fer, lui a fait trouver une heureuse application dans la teinture et sur-tout dans l'impression des toiles de coton. On couvre toute la toile du mordant de fer, et on l'enlève à volonté de dessus certaines parties, à l'aide de cet acide gommé: par ce moyen, la couleur ne prend d'une manière solide que sur les seules parties dont le mordant n'a pas été détruit. Ce procédé est infiniment plus simple pour ménager des *réserves* sur quelques points de la toile, que celui qui consistait auparavant à appliquer le mordant à la planche, et à *réserver* les parties qu'on ne voulait pas couvrir de couleur fixe.

L'acide oxalique est celui de tous qui est le plus propre à enlever complétement les taches d'encre : il suffit d'en mettre un peu sur la tache et de l'humecter avec une goutte d'eau ; le seul frottement à la main et le lavage à l'eau n'en laissent pas exister la moindre trace.

L'analyse de l'acide oxalique a fourni à MM. Gay-Lussac et Thénard du carbone, de l'oxigène et de l'hydrogène dans les proportions suivantes :

Cent parties acide oxalique,

Carbone................	26,566
Oxigène................	70,689
Hydrogène.............	2,745

2°. On peut extraire l'acide *tartarique* du jus de mûres, du suc du raisin exprimé, de la pulpe de groseilles, etc.

Cet acide existe presque par-tout dans les végétaux en combinaison avec la potasse, avec laquelle il forme un sel peu soluble ; c'est pour cela qu'il se précipite facilement des liqueurs qui le contiennent, sur-tout lorsqu'elles ont fermenté. Les couches de tartre qui se déposent sur les parois des tonneaux sont une combinaison d'acide tartarique, de potasse et d'extractif.

En brûlant le tartre et la lie du vin, on a un résidu alcalin, grisâtre et léger, qu'on connaît dans le commerce sous la dénomination de *cendres gravelées* ; ce produit a ses usages spéciaux dans les arts.

En faisant dissoudre le tartre dans de l'eau où l'on a délayé de l'argile blanche, et évaporant avec soin la dissolution filtrée jusqu'à cristallisation, on en sépare l'extractif, qui se précipite et reste en partie en dissolution dans les eaux-mères; les cristaux qu'on obtient sont une combinaison de potasse avec excès d'acide tartarique; ces cristaux, exposés à l'air sur des toiles, y prennent un beau blanc, et sont connus dans le commerce, où il s'en fait une assez grande consommation, sous le nom de *crême de tartre*.

On peut extraire l'acide tartarique de cette dernière combinaison par le procédé suivant, que nous devons au célèbre Schéele : on dissout la crême de tartre dans l'eau bouillante, on sature la dissolution avec la craie;

il se fait un précipité, qui n'est que la combinaison de la chaux avec l'acide. On sépare ce précipité, sur lequel on verse de l'acide sulfurique dans la proportion du tiers du poids de la crême de tartre qu'on a employée; on fait digérer ce mélange à une douce chaleur pendant dix à douze heures; l'acide sulfurique s'empare de la chaux et forme un dépôt insoluble, tandis que l'acide tartarique, devenu libre, surnage : alors on délaie le tout avec de l'eau froide ; on filtre et on évapore la liqueur jusqu'à consistance de sirop ; l'acide tartarique se précipite à l'état concret. Lorsque l'évaporation se fait lentement et qu'on laisse reposer le sirop, cet acide cristallise en octaèdres allongés ; si, par des dissolutions, filtrations et évaporations répétées, on purifie ces cristaux, ils deviennent très-blancs, et présentent la forme de prismes tétraèdres terminés par des pyramides à quatre faces très-allongées.

L'acide tartarique est composé de

Carbone..................	24,050
Oxigène..................	69,321
Hydrogène...............	6,629

5°. L'acide *malique* est un de ceux qu'on trouve le plus généralement répandus dans le règne végétal; il diffère essentiellement des deux dont je viens de parler, en ce qu'il est constamment à l'état liquide, et qu'il forme avec la chaux un sel soluble dans l'eau.

- Pour extraire l'acide malique, on sature le suc de pomme par la potasse, on décompose le sel qui s'est formé par l'acétate de plomb; il se fait un précipité qu'on lave avec soin, et on y verse de l'acide sulfurique affaibli, jusqu'à ce que la liqueur prenne une saveur acide sans mélange de doux : on filtre pour séparer l'acide malique du sulfate de plomb, qui est insoluble. Schéele, qui nous a fait connaître cet acide, a fait de nombreuses recherches pour en constater l'existence dans beaucoup de végétaux.

Les fruits qui contiennent le plus d'acide malique sont les pommes, l'épine-vinette, le prunier, le verjus. Les fruits rouges en fournissent moins, mais on le trouve en plus ou moins grande quantité dans presque tous les produits de la végétation.

Cet acide existe naturellement dans le vin;

il est moins abondant dans ceux du midi que
dans ceux du nord ; il domine dans cette
boisson lorsque le raisin n'a pas mûri ou que
le mout a mal fermenté ; les raisins blancs en
contiennent moins que les rouges, et je crois
qu'on doit rapporter à cette différence la
supériorité des eaux-de-vie qui proviennent
des premiers. Les eaux-de-vie faites avec des
vins où cet acide abonde rougissent le papier
bleu et sont de mauvaise qualité.

Jusqu'ici l'acide malique n'a reçu aucun
usage dans les arts.

4°. Les oranges et sur-tout les citrons contiennent beaucoup d'acide *citrique* : le prunellier à fruits velus, le groseillier rouge,
l'alisier, le cerisier, le fraisier, le framboi-
sier en fournissent aussi ; cet acide y existe
avec le malique à-peu-près dans des proportions égales.

Le procédé que Schéele nous a fait connaître pour extraire l'acide citrique et l'obtenir en cristaux, est celui que nous employons
encore : on sature l'acide par la chaux ; on
décompose le sel insoluble qui s'est formé
par l'acide sulfurique étendu d'eau ; on filtre,

on évapore, et l'on obtient des cristaux d'acide, qui, purifiés par des dissolutions, filtrations et évaporations répétées, présentent des prismes rhomboïdaux, dont les plans inclinés sont terminés de part et d'autre par un sommet à quatre faces trapézoïdales.

Dans les pays où le citronnier croît abondamment, comme dans la Sicile, on exprime le suc des fruits et on le sature de chaux; on envoie ensuite le citrate dans les lieux de consommation, où se termine l'opération par l'extraction de l'acide : la grande quantité de mucilage que contient le suc de citron, ne permettrait pas de le conserver long-temps, ni de le transporter au loin, sans qu'il subît des altérations qui le dénatureraient.

On commence à presser les citrons en novembre et on finit en mars; la quantité de suc qu'on extrait est d'autant plus grande que le fruit est plus mûr. On met le suc dans des tonneaux, et on l'expédie en cet état, ou bien on le vend, sur les lieux, à des particuliers, qui en forment du citrate de chaux, pour prévenir la décomposition qu'il éprouve presque toujours lorsqu'on l'exporte en nature.

On emploie à-peu-près un vingtième de carbonate de chaux pour saturer un poids donné de suc de citron. On lave avec soin le citrate, on le fait sécher et on l'expédie pour sa destination.

Il ne s'agit plus que d'en extraire l'acide citrique, et on y procède de la manière suivante :

On verse de l'acide sulfurique, étendu de six à sept fois son poids d'eau, sur le citrate; on agite le mélange à mesure qu'on met l'acide : lorsque la décomposition est complète, l'acide citrique surnage le dépôt insoluble de sulfate de chaux qui s'est formé; on filtre, on lave le dépôt, et on réunit les eaux de lavage à l'acide pour procéder à l'évaporation dans des bassines d'étain.

L'évaporation peut s'opérer à gros bouillons dans le commencement; mais à mesure que le liquide s'épaissit, il convient de la ralentir; on porte jusqu'à consistance de sirop, et on retire alors de dessus le feu pour laisser cristalliser.

Après avoir enlevé les cristaux, on ajoute aux eaux-mères dix à douze fois leur volume d'eau, et on les traite comme si c'était du suc de citron.

Les cristaux d'acide citrique ont besoin d'être purifiés par des dissolutions, des filtrations et des cristallisations répétées.

Lorsque les opérations sont bien conduites, le suc de citron donne environ un septième de son poids en citrate de chaux, et un treizième d'acide citrique en cristaux.

L'acide citrique est très-soluble dans l'eau. Il peut remplacer avec avantage le suc de citron dans nos usages domestiques et dans les arts, parce qu'il est plus concentré, et purgé du mucilage qui altère les propriétés du suc et le rend putrescible.

On peut remplacer le vinaigre par cet acide pour assaisonner beaucoup d'alimens; il est plus agréable, à cause de la partie aromatique qu'il contient.

Délayé dans l'eau à petite dose, l'acide citrique forme une boisson très-saine : quarante grains (deux grammes) de cet acide dissous dans une pinte d'eau et édulcorés avec le sucre, composent une limonade fort agréable.

Cet acide forme une précieuse ressource

pour les voyages sur mer, et pendant les chaleurs brûlantes de l'été, où il importe d'user
de boissons rafraîchissantes et antiputrides.

L'acide citrique a aussi des usages particuliers dans les arts : comme l'acide oxalique,
il est employé à former des *réserves* dans les
toiles d'impression; comme lui, on le fait servir à enlever les taches d'encre et de rouille.

Lorsqu'on a dissous le principe colorant
du carthame par les alcalis, on le précipite
par l'acide citrique, et on fait, par ce moyen,
sur la soie, les nacaras, les ponceaux et les
roses fins. Ce principe colorant, porté de la
même manière sur une terre blanche onctueuse, constitue le rouge végétal ou le *fard.*

Les principes qui constituent l'acide citrique s'y trouvent dans les proportions suivantes :

Cent parties acide citrique,

Carbone................. 33,811
Hydrogène............... 6,330
Oxigène................. 59,859

5°. L'acide acétique existe tout formé dans
la sève des végétaux. La propriété qu'il a de

former des sels très-solubles avec les terres et les alcalis, suffit pour le faire distinguer de tous les autres acides du même règne.

Lorsqu'on distille une plante ou un produit quelconque de la végétation, non-seulement on extrait tout l'acide acétique qui y existe en nature; mais, par la décomposition des substances et la désunion de leurs principes constituans, à l'aide du feu, on en forme encore une grande quantité. La fumée qui s'échappe de nos foyers, n'est elle-même qu'un mélange confus d'eau, d'acide acétique, d'huile, d'acide carbonique et de carbone.

Ce produit acide de la combustion et de la distillation a été connu de tout temps, mais on était loin de penser qu'il fût identique avec le vinaigre : on l'appelait *acide pyroligneux*.

La nouvelle méthode de carboniser le bois à vaisseaux clos, a fourni un moyen facile de se procurer une énorme quantité de cet acide.

La carbonisation du bois par distillation le présente d'abord combiné avec de l'huile, qui le colore en brun noir, et lui donne une odeur empyreumatique fort désagréable; mais on a eu bientôt trouvé le moyen de le débarrasser de toute substance étrangère, et de le ramener à un degré de pureté parfaite; il ne s'agit que de saturer l'acide par la chaux ou un alcali, de carboniser ensuite l'huile, en exposant le nouveau sel qui en est imprégné à une chaleur suffisante, et de décomposer ensuite par l'acide sulfurique; on peut arriver au même résultat en décomposant l'acétate de chaux par un sulfate alcalin : il y a alors échange de bases, et l'acétate traité par l'acide sulfurique fournit un acide très-pur (*).

(*) On distille le bois dans une grande cornue dont le fond est en fonte et les parois en tôle forte ; lorsqu'on l'a chargée de bois, on la recouvre d'un couvercle qu'on y lute soigneusement avec l'argile.

On emploie du bois très-sec et d'égale épaisseur.

Chaque cornue contient deux voies de bois.

L'ouverture ou la cheminée par où s'échappe la vapeur est placée à quelques pouces du fond de la chaudière ou cornue.

L'acide est porté par des tuyaux de cuivre dans un bassin où l'eau se renouvelle continuellement. L'acide et

L'acide extrait de cette manière a de grands avantages sur le vinaigre que fournit l'acétifi-

le goudron coulent par un robinet dans un vase clos.

Le gaz inflammable continue à parcourir les tuyaux de cuivre qui vont se rendre dans le foyer pour chauffer la chaudière et continuer la carbonisation.

La carbonisation dure cinq heures, et le refroidissement est complet après sept.

L'acide dans cet état est propre à former les pyrolignites de fer ; mais il est encore impur.

Pour le purifier, on le porte dans une chaudière, où on le sature à froid avec la craie. On écume le goudron qui monte à la surface. Alors on le porte dans une autre chaudière, où on le met en ébullition ; on continue à saturer. On ajoute ensuite du sulfate de soude. Il y a production de sulfate de chaux qui se précipite et d'acétate de soude qui reste en dissolution. On décante la liqueur, qu'on évapore à pellicule ; on la verse alors dans des cuviers de bois, où elle se prend en masse par le refroidissement.

On fait éprouver la fusion aqueuse à cette masse en la chauffant dans une chaudière en fonte ; on laisse évaporer toute l'eau, on pousse à la fusion ignée, et alors on la fait couler dans des carrés, où elle se solidifie. Dans cet état, elle est noire, mais elle se dissout aisément dans l'eau chaude. Cette solution, bien filtrée et évaporée, donne des cristaux d'acétate de soude, qui ne retiennent presque plus rien d'empyreumatique. On les dissout dans l'eau, on les décompose par l'acide sulfurique et l'on obtient du sulfate de soude, qui cristallise, et de

cation des liqueurs fermentées : il est distillé et conséquemment exempt de toute matière étrangère; on le verse dans le commerce à un plus haut degré de concentration, ce qui le rend plus actif, et lui fait produire des effets, dans les arts, qu'on obtient difficilement avec le vinaigre de vin.

Jusqu'à ces derniers temps, tout l'acide acétique qui servait à nos usages domestiques, ou qui était employé à de nombreuses opérations dans les ateliers de l'industrie, provenait de la dégénération ou décomposition des boissons fermentées, telles que le vin, la bière, le cidre, le poiré, etc. Toutes ces li-

l'acide acétique, qui n'a besoin que d'être distillé pour être pur : il marque alors huit à dix degrés à l'aréomètre de Beaumé.

Pour l'obtenir à l'état de cristaux, il suffit de le combiner avec la chaux et de décomposer par l'acide sulfurique ce sel légèrement calciné. Le sulfate de chaux prend presque toute l'eau qui reste à l'acétate.

Les eaux-mères des premières opérations, évaporées jusqu'à siccité et mêlées avec le goudron, servent de combustible. Les cendres, passées au fourneau de réverbère et puis lessivées, donnent de beau sous-carbonate de soude.

queurs, plus ou moins spiritueuses ou alcooliques, tiennent en dissolution une portion de mucilage, qui tend continuellement à leur faire subir une fermentation acéteuse.

Pour prévenir l'acétification du vin, on le conserve dans des futailles bien bouchées et placées dans un lieu frais, où la température ne varie pas sensiblement; on le clarifie pour lui enlever la portion de mucilage qui sert de levain à la fermentation acide; on le tient à l'abri des secousses, pour ne pas rejeter dans la masse du liquide la portion de mucilage qui s'est précipitée.

Lorsque le vin a subi une bonne fermentation, et que tout le mucilage a été décomposé ou précipité, il n'est plus susceptible de *tourner à l'aigre*. J'ai tenu pendant tout un été, sur une terrasse, à l'ardeur du soleil, des bouteilles débouchées remplies de vin rouge du midi : le seul changement qui s'est opéré, c'est que le vin s'est décoloré complétement, et que le principe colorant s'est précipité en pellicules ou membranes qui nageaient dans la liqueur. Vers la fin du mois d'août, j'ai versé dans deux de ces bouteilles, et à parties égales, le suc de deux pommes, et au bout de vingt jours la liqueur n'était que du vinaigre.

Les soins qu'on prend pour conserver le vin sans altération, indiquent ceux qu'il faut employer pour le convertir en vinaigre : tout se borne à l'exposer au contact de l'air et à une chaleur de dix-huit à vingt degrés; on y ajoute un ferment végétal lorsqu'il n'en contient plus, et on l'enferme dans des futailles dont les parois sont imprégnées d'acide acétique ou de lie aigrie.

Je n'entreprendrai pas d'énumérer les nombreux usages auxquels est employé le vinaigre sur nos tables et dans nos cuisines. Son emploi dans les arts est au moins aussi étendu et aussi varié : on le distille sur des plantes aromatiques pour le parfumer; on lui fait dissoudre le fer, le cuivre, le plomb et l'alumine, pour former des mordans dans la teinture ou des couleurs pour la peinture.

MM. Gay-Lussac et Thénard ont trouvé dans l'acide acétique le carbone, l'oxigène et l'hydrogène dans les proportions suivantes :

Cent parties acide acétique,

Carbone.................. 50,224
Hydrogène............... 5,629
Oxigène................. 44,147

6°. La distillation des feuilles de laurier, des noyaux de pêche et des amandes amères, produit un acide qui forme, avec les dissolutions qui contiennent du fer et un peu d'alcali, un précipité bleu verdâtre, cet acide a la plus grande analogie avec celui qu'on extrait des substances animales et que l'on combine avec le fer pour composer le bleu de Prusse.

M. Gay-Lussac, qui a fait un très-beau travail sur l'acide prussique, a prouvé qu'il était formé de carbone, d'azote et d'hydrogène combinés dans les proportions suivantes :

Cent parties acide prussique,

Carbone.................. 44,39
Azote.................... 51,71
Hydrogène............... 3,90

Les deux premiers élémens de cette composition forment un radical que notre illustre auteur appelle *cyanogène*. Sa combinaison avec l'hydrogène constitue l'acide prussique ou *hydro-cyanique*.

Il n'existe aucune trace d'oxigène dans cet acide, et ce n'est pas le seul exemple de ce genre que la chimie nous offre aujourd'hui.

Cet acide combiné avec le fer forme cette éclatante composition qu'on connaît sous le nom de *bleu de Prusse*, et dont l'emploi est si précieux pour la teinture et pour la peinture. M. Raymond a trouvé le moyen de fixer cette couleur sur la soie, avec un tel succès, que l'usage de l'indigo a presque disparu de nos ateliers de Lyon; son fils l'a appliquée sur la laine avec le même succès.

Le règne végétal fournit beaucoup d'autres acides, tels que le benzoïque, le gallique, le mucique, le kinique, etc.; mais comme ils sont moins répandus et que leurs usages sont très-bornés, je me dispenserai d'en traiter avec détail.

ARTICLE XI.

Les alcalis fixés.

La potasse se trouve en plus ou moins grande quantité dans tous les végétaux, et la soude existe généralement dans les plantes qui croissent près de la mer ou dans des sols imprégnés de sel marin.

Pour extraire plus commodément la potasse, on brûle les plantes, on lessive les cendres, et on rapproche la dissolution dans des chaudières de fer jusqu'à siccité : ce premier produit est connu sous le nom de *salin*, et a son emploi dans les arts ; il est coloré ; mais en le calcinant dans des fourneaux à réverbère, on le blanchit, et il est alors connu sous le nom de *potasse*.

Comme les usages du salin et de la potasse sont très-étendus dans les arts, et qu'il est peu de localités où l'on ne puisse les fabriquer avec avantage, j'ai toujours pensé qu'un agriculteur pourrait facilement lier cette industrie à l'industrie agricole, et augmenter ainsi le produit de ses terres. J'entrerai dans quelques détails sur cette fabrication.

Toutes les plantes ne donnent pas la même quantité de cendres, et le même poids de cendres ne fournit pas la même quantité de potasse. On pourra en juger par les tableaux suivans, dressés d'après les expériences de MM. les régisseurs généraux des poudres et salpêtres en 1779, et d'après celles de MM. Kirwan, Pertuis et Vauquelin.

Résultats des expériences faites par MM. les Régisseurs généraux.

NOMS des végétaux.	QUANTITÉ de végét. brûl.	PRODUIT en cendres.	POIDS de l'eau de lessivage.	PRODUITS en salin.			COULEUR du salin.
Buis............	800 liv.	23 liv.	216 liv.	1 liv.	12 onc.	6 gr.	Mine de plomb.
Chêne........	915	12	124	1	6	4	Gris de lin.
Hêtre........	887	5 $\frac{1}{30}$	66	1	4	6	Café au lait.
Charme.......	981	11	216	1	3	5	Blanc grisâtre.
Orme.........	1028	24	300	3	15	0	Gris vineux.
Tremble......	648	8	120	0	7	6	Noir foncé.
Sapin........	730	2 $\frac{1}{2}$	80	0	7	0	Noir peu foncé.
Sarment......	800	27	276	4	10	4	Gris blanc.
Tournesol....	200	20 $\frac{3}{4}$	333	4	0	0	Blanc de lait jaunât.
Blé de Turquie.	440	39	612	7	12	1	Couleur cendrée.

Le salin obtenu dans ces opérations a dû perdre par la calcination pour être converti en potasse, vingt-cinq à trente pour cent.

M. Kirwan, en opérant sur mille livres de chacun des végétaux qu'il a essayés, a obtenu le résultats suivans :

Nom du végétal.	Produit en cendres.	Produit en alcali.
Tiges de maïs........	88,00	17,05
Le grand soleil......	57,02	20,00
Sarment de vigne....	34,00	5,05
Buis...............	29,00	2,26
Saule..............	28,00	2,85
Orme..............	23,05	3,09
Chêne.............	13,05	1,05
Tremble...........	12,02	0,74
Hêtre.............	5,08	1,27
Sapin.............	3,04	0,45
Fougère en août.....	36,46	4,25
Absinthe...........	97,44	73,00
Fumeterre..........	219,00	79,00

*Tableau du résultat moyen des expériences
de MM. Kirwan, Vauquelin et Pertuis,
sur dix mille parties de chaque plante.*

Orme......................	59 potasse.
Chêne.....................	15
Hêtre.....................	12
Vigne.....................	55
Peuplier..................	7
Chardon	53
Fougère...................	62
Chardon de vache.........	196
Absinthe..................	730
Vesces....................	275
Fèves	200
Fumeterre.................	790

Lorsqu'on brûle les plantes pour en extraire la potasse, il faut choisir celles qui en contiennent le plus : les herbes, les feuilles, les tiges des haricots, des pois, des melons, des courges, des choux, des artichaux, des pommes de terre, du maïs, du phytolacca, sont très-riches en alcali. On fait sécher toutes ces plantes et on les brûle pour en lessiver la cendre.

L'opération du lessivage est très-simple : on remplit un cuvier de cendres, on y verse de l'eau jusqu'à ce qu'elle surnage, on laisse reposer pendant quelques heures et on coule par la chantepleure qui est placée au bas du cuvier.

Cette eau de lessive doit marquer dix à douze degrés au pèse-liqueur de Baumé.

La cendre n'est pas épuisée de son alcali par un premier lessivage, et on y passe de l'eau fraîche jusqu'à ce qu'elle ne contienne plus rien de soluble. Les eaux de lessivage peu chargées sont versées sur des cendres neuves pour y acquérir le degré convenable.

Les cendres lessivées forment un excellent engrais pour les prés humides et les terres glaiseuses : on les emploie encore avec avantage à la fabrication du verre noir.

Le lessivage peut s'opérer plus promptement avec de l'eau chaude; mais je dois me borner ici à indiquer les moyens les plus simples et ceux qui exigent le moins d'appareils.

Les eaux de lessive contiennent la potasse en dissolution; on l'extrait par l'évaporation du liquide.

On peut commencer à évaporer dans une

chaudière de cuivre, dans laquelle on fait couler un filet d'eau de lessive pour remplacer celle qui s'évapore, et lorsque la liqueur a pris la consistance du miel, on la verse dans une chaudière de fer de fonte, où se termine l'opération.

Comme la matière qui s'épaissit et se boursouffle s'attache aux parois, on a soin de remuer et d'agiter avec des spatules de fer.

Du moment que la matière prend à l'air une consistance solide et qu'elle s'y fige, on la coule dans des barils et on la verse dans le commerce sous le nom de *salin*.

Tout est simple dans cette opération et on en exécute de bien plus difficiles dans nos campagnes. L'agriculteur peut s'approprier cette branche d'industrie presque sans frais, et sans qu'il soit détourné de ses autres occupations, ni qu'il interrompe le cours ordinaire de ses travaux : aux jours perdus pour l'agriculture et dans la *morte saison*, on peut ramasser les bruyères, les genêts, les ajoncs, les fougères, les ronces, les chardons, les orties et réserver le lessivage des cendres pour l'hiver.

Je ne propose point à l'habitant de la campagne de terminer l'opération par calciner le salin et le convertir en potasse, parce qu'il faudrait construire un fourneau à réverbère, ce qui pourrait l'effrayer en le rejetant hors de ses habitudes et de sa marche naturelle. Ce salin a déjà de nombreux usages dans les arts. Si cette fabrication devenait domestique, il se formerait bientôt des établissemens pour convertir le salin en potasse et en étendre l'emploi.

Le salin et la potasse contiennent tous les sols solubles qui se trouvaient dans les cendres, ce qui établit de grandes différences dans leur qualité. M. Vauquelin, qui a analysé les diverses potasses du commerce, a obtenu les résultats suivans :

Son analyse a été faite sur mille cent douze parties de chaque espèce.

Potasse.	Quantité réelle d'alcali.	Sulfate de potasse.	Muriate de potasse.	Résidu inso- luble.	Acide carbon. et eau.
De Russie...	772	65	5	56	234
D'Amérique.	857	154	20	2	129
Perlasse.....	754	80	4	6	308
De Dantzick.	603	152	14	79	304
Des Vosges..	444	148	10	34	304

Le salin et la potasse ont de nombreux usages dans les arts; ils forment la base des savons mous, de la composition du verre blanc, des opérations de buanderies, des blanchisseries, etc. On les emploie en abondance dans les teintures, les fontes métalliques, la fabrication du salpêtre et de l'alun; il existe peu d'ateliers où il ne s'en consomme plus ou moins.

La soude existe dans presque toutes les plantes qui croissent sur un sol imprégné de sel marin, mais elles n'en fournissent pas toutes la même quantité, ni de la même pureté.

En Espagne, on cultive la barille (*salsola vermiculata*, Linné), pour en extraire la *soude d'Alicante*, qui est une des plus estimées dans le commerce ; dans presque tous les autres pays riverains de la mer ou des étangs salés, on brûle les plantes salées qui croissent sur les bords pour en retirer cette substance. Ces soudes sont plus ou moins chargées d'alcali, selon les plantes qui les fournissent ; ce qui établit une différence dans les noms, les prix et les usages.

Pour brûler les plantes marines on les récolte du moment que la végétation est terminée, et on les laisse sécher : on creuse une fosse dans la terre, large de quatre pieds et profonde de trois ; on échauffe cette fosse en y brûlant du menu bois, et on y jette ensuite peu-à-peu les plantes salées ; on entretient la combustion pendant sept à huit jours ; la cendre entre en fusion dans la fosse et reste en cet état jusqu'à la fin de l'opération ; on laisse refroidir, et on divise ensuite ce bloc de soude en gros morceaux pour la livrer au commerce.

J'ai constamment observé que lorsque cette

masse de soude bouillonne dans la fosse, il s'échappe, de la surface, des jets de flamme, qui ne paraissent dus qu'à la combustion de quelques parcelles de *sodium*. La ressemblance parfaite des deux flammes m'a frappé lorsque j'ai vu brûler ce métal pour la première fois.

Les plantes qu'on brûle le plus communément sur les bords de la Méditerranée et de l'Océan, sont le *salicornia europea*, le *salsola tragus*, le *statice limonium*, le *triplex portulacoïdes*, le *salsola kali*, le *wareck*, etc. Les soudes qui en proviennent sont de médiocre qualité; la plus riche en alcali est celle du salicor, il en est qui n'en contiennent pas sensiblement : celles-ci abondent en muriate et en sulfate de soude, mêlés et fortement *frittés* avec la chaux, la silice, l'alumine et la magnésie : ces soudes, quoique faibles, ont néanmoins leurs usages dans les arts; on les emploie dans les verreries où, à l'aide de la chaux qu'elles contiennent et du charbon qu'on fait entrer dans la composition du verre, on décompose le sulfate qui s'y trouve; la soude que contient ce sel étant mise à nu, détermine la fusion des substances terreuses.

Lorsque les soudes contiennent dix à quinze pour cent d'alcali, on s'en sert pour former les lessives faibles dans les savonneries.

Indépendamment des soudes qu'on extrait par la combustion des plantes marines, la chimie nous a fourni le moyen d'en approvisionner le commerce par la décomposition du muriate de soude ou sel marin : on convertit ce sel en sulfate à l'aide de l'acide sulfurique, et on décompose ensuite ce dernier sel dans des fourneaux de réverbère, en y mêlant du charbon et de la craie.

Les soudes du commerce ne sont jamais pures, elles contiennent tout au plus trente à quarante pour cent d'alcali; mais, par la dissolution et l'évaporation, on parvient à les obtenir en cristaux octaèdres, à base rhomboïdale, composés d'alcali et d'acide carbonique.

Pour donner à la soude toute l'énergie dont elle a besoin, il faut en séparer l'acide carbonique, qui lui est constamment uni et qui en affaiblit les propriétés ; on y parvient aisément en la mêlant avec la chaux vive, qui a une grande affinité avec cet acide. Les lessives qui proviennent de ce mélange sont caustiques ; elles impriment sur la langue une saveur brûlante ; la soude y est pure et elle agit plus efficacement et plus promptement sur les corps avec lesquels on la combine : cette préparation est indispensable lorsqu'on emploie la soude pour dissoudre l'huile dans la fabrication des savons durs ; elle est inutile toutes les fois qu'on la combine, par une grande chaleur, avec les corps terreux comme dans les verreries.

M. Davy a découvert que la soude et la potasse étaient des oxides métalliques ou des métaux brûlés ; et M. Berzelius a prouvé que lorsque ces deux alcalis étaient purs, la potasse était composée de 17 d'oxigène et 83 de *potassium*, et que la soude résultait de 74,42 de *sodium*, et de 25,58 d'oxigène.

12°. Indépendamment des substances dont je viens de parler, les plantes contiennent des sels, des terres et quelques oxides métalliques, qu'on n'extrait ni pour nos besoins domestiques ni pour l'usage de l'industrie manufacturière ; mais leur existence y est si constante, leurs proportions si peu variées dans les mêmes espèces de végétaux, leur place est tellement marquée dans les différentes parties qui composent le végétal, qu'on est forcé de les regarder comme appartenant essentiellement à la végétation, dont ces sels et ces terres forment un des attributs, et non comme introduits acccidentellement et sans but dans les organes.

Les sels qu'on trouve le plus communément dans les végétaux sont le sulfate de potasse, le sel commun, les phosphates de chaux et le nitrate dé potasse; le sulfate et le muriate de soude n'existent en quantité que dans les plantes marines.

Des quatre terres qu'on extrait par l'incinération, la silice est la plus abondamment répandue; après celle-ci, la chaux; ensuite la magnésie et puis l'alumine.

On y trouve une petite quantité d'oxide de fer et quelquefois de légères traces de celui de manganèse.

Dans l'ouvrage si précieux sur la végétation que nous a donné M. Th. de Saussure, il a publié le résultat de ses recherches analytiques pour déterminer la quantité de cendres, de sels, de terres et d'oxides métalliques que fournit le même poids d'un grand nombre de végétaux, j'en place ici les résultats :

NOMS DES PLANTES.	Cendres contenues dans 1000 parties de plantes vertes.	Cendres contenues dans 1000 parties de plantes sèches.
1. Feuilles de chêne (*quercus robur.*) du 10 mai............................	13	53
2. Les mêmes, du 27 septembre.........	24	55
3. Tiges ou branches écorcées de jeunes chênes, du 10 mai................	»	4
4. Écorces des branches précédentes.....	»	60
5. Bois de chêne séparé de l'aubier......	»	2
6. Aubier du bois de chêne précédent....	»	4
7. Écorces des troncs de chênes précédens.	»	60
8. Liber de l'écorce précédente..........	»	73
9. Extrait du bois de chêne précédent....	»	61
10. Terreau de bois de chêne............	»	41
11. Extrait du précédent terreau de bois de chêne............................	»	111
12. Feuilles de peuplier (*populus nigra*), du 26 mai............................	23	66

Eau de végétation dans 1000 parties de plante verte.	Sels solubles dans l'eau.	Phosphates terreux.	Carbonates terreux.	Silice.	Oxide métallique.	Déficit.
745	47	24	0,12	5	0,64	25,24
549	17	18,25	23	14, 5	1,75	25, 5
»	26	28,5	18,25	0,12	1	32,58
»	7	4, 5	63,25	0,25	1,75	22,75
»	38, 6	4, 5	52	2	2,25	20,65
»	52	24	11	7, 5	2	23, 5
»	7	3	66	1, 5	2	21, 5
»	7	3,75	65	0, 5	1	22,75
»	51	» »	» »	» »	» »	» »
»	24	.10,5	10	52	14	8, 5
»	66	» »	» »	» »	» »	» »
652	36	13	29	5	1,25	15,75

NOMS DES PLANTES.	Cendres contenues dans 1000 parties de plante verte.	Cendres contenues dans 1000 parties de plante sèche.
13. Feuilles de peuplier (*populus nigra*), du 12 septembre......................	41	93
14. Troncs écorcés des peupliers précédens, du 12 septembre....................	»	8
15. Écorce des troncs précédens...........	»	72
16. Feuilles de noisetier (*coryllus avellana*), du 1er. mai......................	»	61
17. Les mêmes, lavées à froid avec de l'eau distillée...........................	»	57
18. Feuilles de noisetier, du 22 juin......	28	62
19. Les mêmes, du 20 septembre.........	31	70
20. Branches écorcées du noisetier précédent, du 1er. mai....................	»	5
21. Écorces des branches précédentes.....	»	62
22. Bois de mûrier, dit d'Espagne (*morus nigra*), séparé de l'aubier, novembre.	»	7
23. Aubier du mûrier précédent...........	»	13

Eau de végétation dans 1000 parties de plante verte.	Sels solubles dans l'eau.	Phosphates terreux.	Carbonates terreux.	Silice.	Oxides métalliques.	Déficit.
565	26	7	36	11, 5	1, 5	18
»	26	16,75	27	3, 3	1, 5	24, 5
»	6	5, 3	60	4	1, 5	23, 2
»	26	23, 3	22	2, 5	1, 5	24, 7
»	8, 2	19, 5	44, 1	4	2	22, 5
655	22, 7	14	29	11, 3	1, 5	21, 5
557	11	12	36	22	2	17
»	24, 5	35	8	0,25	0,12	32, 2
»	12, 5	5, 5	54	0,25	1,75	26
»	21	2,25	56	0,12	0,25	20,38
»	26	27,25	24	1	0,25	21, 5

NOMS DES PLANTES.	Cendres contenues dans 1000 parties de plante verte.	Cendres contenues dans 1000 parties de plante verte.
24. Écorce du mûrier précédent..........	»	89
25. Liber de l'écorce précédente..........	»	88
26. Bois de charme (*carpinus betulus*), sé- paré de l'aubier, novembre.........	4	6
27. Aubier du charme précédent.........	4	7
28. Écorce du charme précédent..........	88	137
29. Troncs, branches effeuillées du marron- nier (*œsculus hyppocastanum*), du 10 mai.	»	35
30. Feuilles de marronnier, du 10 mai....	16	72
31. Les mêmes, du 23 juillet.............	29	84
32. Les mêmes, du 27 septembre.........	31	86
33. Fleurs du marronnier précédent......	9	71
34. Fruits en maturité du même marron- nier, 5 octobre....................	12	34
35. Plantes de pois (*pisum sativum*) en fleurs.	»	95
36. Les mêmes, portant leur graine en ma- turité............................	»	81

Eau de végétation dans 1000 parties de plante verte.	Sels solubles dans l'eau.	Phosphates terreux.	Carbonates terreux.	Silice.	Oxides métalliques.	Déficit.
»	7	8, 5	45	15,25	1, 12	23, 13
»	10	16, 5	48	0,12	1	24,58
346	22	23	26	0,12	2,25	26,63
390	18	36	15	1	1	29
546	4, 5	4, 5	59	1, 5	0,12	30,88
»	9, 5	» »	» »	» »	» »	» »
782	50	» »	» »	» »	» »	» »
652	24	» »	» »	» »	» »	» »
636	13, 5	» »	» »	» »	» »	» »
873	50	» »	» »	» »	» »	» »
647	75	10, 5	» »	0,75	0, 5	13,25
	49, 8	17,25	6	2, 3	1	24,65
»	34,25	22	14	11	2, 5	17,25

NOMS DES PLANTES.	Cendres contenues dans 1000 parties de plante verte.	Cendres contenues dans 1000 parties de plante sèche.
37. Plantes de fèves de marais (*vicia faba*), avant la floraison, du 23 mai.......	16	150
38. Les mêmes, pendant la floraison, du 23 juin.........................	20	122
39. Les mêmes, portant leur grainé en maturité, du 23 juillet...............	»	66
40. Les mêmes, séparées des graines en maturité.....................	»	115
41. Graines des plantes précédentes.......	»	33
42. Plantes de fèves en fleurs, crues en eau distillée, et provenues des graines précédentes..........................	»	39
43. Verge d'or (*solidago vulgaris*), avant la floraison, du 1er. mai..............	»	92
44. Les mêmes, prêtes à fleurir, du 15 juillet.	»	57
45. Les mêmes, portant leurs graines en maturité, du 20 septembre...........	»	50

Eau de végétation de 1000 parties de plante verte.	Sels solubles dans l'eau.	Phosphates terreux.	Carbonates terreux.	Silice.	Oxides métalliques.	Déficit.
895	55, 5	14, 5	3, 5	1, 5	0, 5	24,50
876	55, 5	13, 5	4,12	1, 5	0, 5	24,38
»	50	17,75	4	1,75	0, 5	26
»	42	5,75	36	1,75	1	12, 9
»	69,28	27,92	» »	» »	0, 5	2, 3
»	60, 1	30	» »	» »	0, 5	9, 4
»	67, 5	10,75	1, 5	1, 5	0,75	18,25
»	59	8, 5	9,25	1, 5	0,75	21
»	48	11	17,25	3, 5	1, 5	18,75

NOMS DES PLANTES.	Cendres contenues dans 1000 parties de plante verte.	Cendres contenues dans 1000 parties de plante sèche.
46. Plante de tournesol (*helianthus annus*), du 23 juin, un mois avant la floraison..	»	147
47. Les mêmes, commençant à fleurir, du 23 juillet...........................	13	137
48. Les mêmes, du 20 septembre, portant leurs graines en maturité...........	23	93
49. Plantes de froment (*triticum sativum*) en fleurs..........................	»	»
50. Les mêmes, portant leurs graines en maturité...........................	»	»
51. Les mêmes, un mois avant leur floraison.	»	79
52. Les mêmes, en fleurs, du 14 juin.....	16	54
53. Les mêmes, du 28 juillet, portant leurs graines en maturité.................	»	33
54. Paille du froment précédent, séparée des graines..........................	»	43
55. Graines choisies du froment précédent.	»	13

Eau de végétation de 1000 parties de plante verte.	Sels solubles dans l'eau.	Phosphates terreux.	Carbonates terreux.	Silice.	Oxides métalliques.	Déficit.
»	63	6, 7	11,56	1, 5	0,12	16,67
877	61	6	12, 5	1, 5	0,12	18,78
753	51, 5	22, 5	4	3,75	0, 5	17,75
»	43,25	12,75	0,25	32	0, 5	12,25
»	11	15	0,25	54	1	18,75
»	60	11, 5	0,25	12, 5	0,25	15, 5
699	41	10,75	0,25	26	0, 5	21, 5
»	10	11,75	0,25	51	0,75	25
»	22, 5	6, 2	1	61, 5	1	78
»	47,16	44, 5	» »	0,5	0,25	7,6

NOMS DES PLANTES.	Cendres contenues dans 1000 parties de plante verte.	Cendres contenues dans 1000 parties de plante sèche.
56. Son..............................	»	52
57. Plantes de maïs (*zea maïs*), du 23 juin, un mois avant la floraison..........	»	122
58. Les mêmes, en fleurs, du 23 juillet...	»	81
59. Les mêmes, portant leur graine en maturité............................	»	46
60. Tiges du maïs précédent, séparées de leurs épis en maturité.............	»	84
61. Épis des tiges précédentes..........	»	16
62. Graines du maïs précédent...........	»	10
63. Paille d'orge (*hordeum vulgare*), séparée de ses graines en maturité..........	»	42
64. Graines d'orge de la paille précédente..	»	18
65. Graine d'orge.....................	»	»
66. Avoine...........................	»	31
67. Feuilles de rosage (*rhododendrum ferrugineum*), crues sur le Jura, montagne		

Eau de végétation dans 1000 parties de plante verte.	Sels solubles dans l'eau.	Phosphates terreux.	Carbonates terreux.	Silice.	Oxides métalliques.	Déficit.
»	4,16	46, 5	» »	0, 5	0,25	8, 6
»	69	5,75	0,25	7, 5	0,25	17
»	69	6	0,25	7, 5	0,25	17
»	» »	» »	» »	» »	» »	» »
»	72,45	5	1	18	0, 5	3, 5
»	» »	» »	» »	» »	» »	» »
»	62	36	» »	1	0,12	0,88
»	20	7,75	12, 5	57	0, 5	2,25
»	29	32, 5	» »	35, 5	0,25	2, 8
»	22	22	» »	21	0,12	29,88
»	1	24	» »	60	0,25	14,75

NOMS DES PLANTES.	Cendres contenues dans 1000 parties de plante verte.	Cendres contenues dans 1000 parties de plante sèche.
calcaire, du 20 juin...............	»	30
68. Les mêmes, crues sur le Breven, montagne granitique, du 27 juin........	»	25
69. Tiges et branches de rosage, crues sur le Jura, du 20 juin...............	»	8
70. Tiges de rosage, crues sur le Breven, du 27 juin...................	»	8
71. Feuilles de pin (*pinus abies*), crues sur le Jura, du 20 juin...............	»	29
72. Les mêmes, crues sur le Breven, du 27 juin...................	»	29
73. Branches de pin, dépouillées de feuilles, du 20 juin...................	»	15
74. Airelle (*vaccinium myrtillus*), crue sur le Jura, du 29 août...............	»	26
75. Les mêmes, crues sur le Breven, 20 août.	»	22

Eau de végétation dans 1000 parties de plante verte.	Sels solubles dans l'eau.	Phosphates terreux.	Carbonates terreux.	Silice.	Oxides métalliques.	Déficit.
»	23	14	43,25	0,75	3,25	15,65
»	21, 1	16,75	16,75	2	5,77	31,52
»	22, 5	10	39	0, 5	5, 4	22,48
»	24	11, 5	29	· 1	11	24, 5
»	16	12,27	43, 5	2, 5	1, 6	24,13
»	15	12	29	19	5, 5	19, 5
»	15	» »	» »	» »	» »	» »
»	17	18	42	1, 5	3,12	19,38
»	24	22	22	5	9, 5	17, 5

CHAPITRE X.

DE LA CONSERVATION DES SUBSTANCES ANIMALES ET VÉGÉTALES.

———

Chaque produit de l'agriculture a sa saison; il en est peu que la terre produise en tout temps.

De cette vérité reconnue il résulte deux faits incontestables : le premier, c'est que, dans les années d'abondance, la production est au-dessus de la consommation, et qu'alors il y a déperdition d'une partie du produit et vente du reste à vil prix; le second, c'est que la consommation de la plupart des produits est bornée à une saison, tandis qu'elle se prolongerait indéfiniment, et la vente des denrées serait plus avantageuse à l'agriculteur, si on avait des moyens sûrs de les conserver sans altération.

C'est donc un des problèmes les plus utiles à résoudre en économie rurale, que celui de la conservation des produits que fournit la terre.

Avant de faire connaître les procédés par lesquels l'expérience nous a appris qu'on pouvait préserver ces produits de toute altération, il convient de jeter un coup d'œil sur les causes qui la déterminent.

Tout corps qui a cessé de vivre ou de végéter, abandonné à l'action des lois physiques et chimiques qui s'exercent sur lui, change peu-à-peu de nature; les élémens qui le composaient forment de nouvelles combinaisons et par conséquent de nouvelles substances.

Pendant tout le temps qu'un être vit ou végète, les lois chimiques d'affinité sont continuellement modifiées dans les organes du corps vivant.

Dès que le corps a cessé de vivre, il est livré à l'action rigoureuse des lois d'affinité, qui seules en opèrent la décomposition.

L'air entretient le corps vivant, qui s'empare de ses principes et se les assimile, tandis que ce fluide décompose le corps mort. La chaleur est le principal stimulant des fonctions vitales, elle forme, après la mort, un des agens les plus actifs de la destruction.

C'est donc à empêcher ou à maîtriser l'action des agens chimiques et physiques sur les corps, que doivent tendre tous nos efforts pour les préserver de la décomposition; et nous verrons que tous les procédés qui ont été couronnés du succès, consacrent ce principe.

Les agens chimiques qui exercent l'action la plus puissante sur les produits de la terre sont, l'air, l'eau et la chaleur; mais leur action n'est pas égale sur tous : les produits mous, aqueux, et ceux qui sont fortement animalisés, se décomposent plus facilement; leurs principes sont moins cohérens, moins liés entre eux, de sorte que l'action des agens désorganisateurs est plus efficace et plus prompte.

Tous les procédés employés jusqu'à ce jour pour préserver le corps de la décomposition se réduisent à dénaturer ou à enlever les principes de destruction qu'ils peuvent contenir;

ou peut produire le même effet en empêchant le contact des agens mentionnés au paragraphe précédent, ou bien en faisant pénétrer dans ces corps des substances qui arrêtent et empêchent toute action de la part des agens externes et internes.

ARTICLE PREMIER.

De la conservation des produits de la terre par le moyen de la dessication.

L'eau existe sous deux états différens dans tous les produits que nous fournit la végétation : une partie s'y trouve à l'état libre, tandis que l'autre y est dans un véritable état de combinaison. La première s'évapore à la température de l'atmosphère, parce qu'elle n'est retenue que par les enveloppes des fruits; la seconde exige une chaleur qui altère, décompose et dénature les fruits : la première, étrangère à la composition du fruit, en imprègne toutes les parties, en dissout quelques principes, sert de véhicule à l'air et à la chaleur, se gèle par le froid; elle facilite la décomposition. La seconde ne présente aucun de ces inconvéniens : se trouvant dans un état de combinaison et solidifiée dans le fruit, son action est neutralisée.

La dessication doit donc se borner à enlever, par la chaleur, toute l'eau qui se trouve à l'état libre dans le produit qu'on veut garantir de la décomposition.

Il suit de ce que nous venons de dire, que si l'on appliquait une chaleur trop forte pour dessécher un fruit, on en altérerait le goût et l'organisation par un commencement de décomposition des principes constituans ; il ne faut jamais la porter au-dessus du trente-cinquième au quarante - cinquième degré centigrade.

La dessication peut s'opérer au soleil ou dans des étuves.

La chaleur du soleil, dans les pays méridionaux, suffit pour dessécher la plupart des fruits et les préserver ainsi de toute altération : à cet effet, on les expose à ses rayons sur des claies ou des ardoises, en les garantissant de la pluie, de la poussière et du dégât des animaux. L'habitude seule fait juger du degré de dessication auquel il faut porter chacun de ces fruits pour en assurer la conservation : lorsque leur enveloppe s'oppose à la libre évaporation de l'eau contenue dans le parenchyme charnu, on fait des entailles à la surface du fruit pour la faciliter.

C'est par ce moyen qu'on prépare plusieurs des *fruits secs* qui forment aujourd'hui un objet de commerce considérable entre le midi et le nord.

Les fruits doux et sucrés, tels que quelques prunes, les figues, les raisins muscats, peuvent être préparés de cette manière et conserver presque toutes leurs qualités; mais d'autres fruits acides contractent plus d'aigreur par la concentration de leur suc; néanmoins on en prépare plusieurs par ce procédé.

Dans les pays les plus chauds, on commence souvent pas faire passer les fruits au four et on termine la dessication au soleil : il en est même qu'on fait infuser dans une faible lessive chaude, jusqu'à ce que la surface se ride; après quoi, on les lave avec soin à l'eau froide, et on les met au soleil pour terminer l'opération; on traite sur-tout les cerises de cette manière.

8.

Lorsque la chaleur du soleil ne suffit pas pour évaporer toute l'eau contenue dans le tissu charnu d'un gros fruit, on le coupe par tranches qu'on expose au soleil : c'est ainsi qu'on peut dessécher les pommes et les poires.

Mais cette méthode n'est ni assez prompte ni assez économique pour des préparations qui ont peu de valeur dans le commerce, et qui ne peuvent jamais remplacer, pour nos besoins domestiques, les fruits entiers qu'on peut aisément conserver d'une saison à l'autre. On est donc dans l'usage de les dessécher dans des étuves ou au four : dans le premier cas, on place ces fruits coupés par tranches sur des claies disposées par rayons dans une chambre chauffée au quarantième degré ; dans le second, on en garnit le four au moment où l'on vient d'en extraire le pain ; on les y expose une seconde fois, si la dessication n'est pas jugée suffisante après une première opération.

Quelques-uns des fruits dont nous venons de parler dans le dernier paragraphe peuvent être desséchés sans qu'on les coupe par tranches; les poires tendres qui ne peuvent pas se conserver pendant l'hiver, telles que le rousselet et le beurré, le doyenné, le messire-jean, le martin-sec, etc., sont de ce genre : on commence par les peler, on les blanchit dans l'eau bouillante, et on les met au four, sur des claies, à une chaleur au-dessous de celle qu'exige la cuite du pain; on remet la poire au four trois ou quatre jours de suite; avant de les y exposer pour la dernière fois, on aplatit les poires avec la paume de la main, ce qui a fait donner à cette préparation le nom de *poires tapées*.

Les fruits desséchés par l'une ou l'autre de ces méthodes sont susceptibles de fermentation en les délayant dans l'eau, et on s'en sert pour préparer des boissons peu coûteuses et à l'usage du peuple.

Dans les pays où ces fruits sont très-abondans, on peut commencer à en préparer par dessication, dès le commencement du mois d'août, en employant ceux qui tombent des arbres. Lorsque la récolte est faite en automne, on sépare avec soin les plus beaux fruits et les plus sains de ceux qui sont ra-

bougris, piqués ou meurtris; les premiers
sont réservés pour servir d'aliment dans le
courant de l'année, et les autres sont desséchés et conservés dans un lieu sec pour être
employés à former des boissons. Je ferai connaître les procédés qu'on peut employer à cet
effet dans un autre chapitre de cet ouvrage.

Les fourrages qui servent de nourriture
aux bestiaux ne peuvent se conserver que
par la dessication, et elle se pratique dans
tous les pays au moment de la récolte. Les
fourrages encore humides qu'on entasse im-
prudemment dans les greniers fermentent; il
se produit de la chaleur, qui en altère la qualité, détermine la moisissure, et elle devient
quelquefois assez intense pour produire un
incendie.

Il est des fruits qui, moyennant quelques
légères précautions, peuvent être conservés
toute l'année : la première de ces précautions,
c'est de les dépouiller de toute humidité, et
de ne les enfermer que lorsque la surface est
bien sèche; la seconde, de les conserver dans
des endroits où la température soit constamment à dix ou douze degrés du thermomètre

centigrade, et où l'atmosphère ne soit pas humide; la troisième consiste à isoler les fruits de manière qu'ils ne se touchent point. Il faut avoir l'attention de ne destiner à la conservation que les fruits bien sains, et enlever soigneusement ceux qui s'altèrent ou se pourrissent; j'ai vu des pommes conservées de cette manière, sans détérioration sensible, pendant dix-huit mois.

On emploie encore la dessication pour conserver les bois et toutes les autres parties végétales et animales : par ce moyen, on leur donne de la dureté, on les rend moins accessibles à l'action de l'air, à celle des insectes et des autres agens destructeurs.

Mais la dessication ne se borne pas à préserver les fruits entiers de toute décomposition, elle fournit encore le moyen de conserver les sucs en en formant des *extraits.*

Lorsqu'on peut extraire par la seule pression le suc des plantes, il suffit d'évaporer ces sucs à une chaleur convenable, et dans des vases appropriés pour enlever toute l'eau qui tient le suc à l'état liquide et le ramener à l'état sec. L'évaporation long-temps prolongée à la chaleur de l'eau bouillante dénature un peu les sucs; elle coagule l'albumine, qui existe plus ou moins abondamment dans les fruits sucrés; et dès-lors ils ne sont plus susceptibles d'éprouver la fermentation spiritueuse.

Le moût de raisin travaillé de cette manière donne un extrait qu'on nomme *raisiné*; cet extrait forme un aliment aussi sain qu'agréable, qui, délayé dans l'eau, se pourrit sans produire de l'alcool; mais on peut rétablir sa vertu fermentescible primitive en y délayant un peu de levure de bière; on répare par ce moyen l'altération que la chaleur a produite sur le suc pendant l'évaporation.

Tous les sucs provenant de fruits doux et sucrés peuvent être convertis en extraits et former des alimens agréables. Leur qualité varie, dans le commerce, selon la proportion du sucre contenu dans le fruit et d'après les soins qu'on apporte à l'opération : lorsqu'on clarifie le suc à plusieurs reprises; lorsqu'on entretient l'évaporation au bain-marie; lorsqu'on a soin d'agiter le liquide pour qu'il ne s'attache point aux parois des vases, la couleur et le goût de l'extrait sont bien supérieurs à ce qu'on obtient en n'employant pas ces précautions.

Les sucs les plus doux, tels que celui du raisin bien mûr du midi, contiennent néanmoins un acide qui, concentré par l'évaporation, agit sur les chaudières de cuivre dans lesquelles se fait l'opération, de sorte qu'il se forme un peu d'acétate de cuivre qui pourrait devenir dangereux et exciter des coliques, dans le midi sur-tout, où le raisiné fait la principale nourriture des enfans. Une pratique très-ancienne et généralement suivie obvie à ce grave inconvénient: dès que le moût du raisin est en ébullition dans la chaudière, on y jette un paquet de clefs, et on les y laisse pendant tout le temps de l'opération; ces clefs se recouvrent d'une couche de cuivre, qui annonce la décomposition de l'acétate de cuivre par le fer, à mesure que celse forme: de sorte qu'il ne reste plus dans le raisiné que de l'acétate de fer, qui n'est pas dangereux.

J'ai déjà dit qu'on pouvait convertir en *extrait* le jus de tous les fruits succulens, et les conserver pour servir à nos usages dans le courant de l'année; mais la plupart de ces sucs, rapprochés par l'évaporation, présentent un tel degré d'acidité, qu'ils ne peuvent pas servir comme aliment, et qu'ils forment une boisson très-aigre lorsqu'on les délaie dans l'eau. Pour corriger ou masquer cette acidité, on fait cuire ces sucs avec du sucre, qu'on emploie pour quelques-uns à parties égales, et on en forme des *sirops* ou des *extraits*.

Comme il importe d'extraire et de pouvoir conserver, pour les besoins domestiques, les arts ou la pharmacie, des produits végétaux que la pression mécanique ne peut dégager que très-imparfaitement, on a recours à d'autres moyens; et l'on emploie, à cet effet, des liquides qui dissolvent ces principes, et qui, par la chaleur et l'évaporation, les portent à l'état sec.

L'eau est l'agent de dissolution le plus généralement employé : elle dissout l'extractif, le mucilage, le sucre et la plupart des sels, elle délaie la partie amilacée; de sorte qu'en l'employant chaude ou froide, ou en la faisant bouillir sur les plantes, selon l'exigence des cas et la nature des principes qu'on veut extraire, on s'empare de tout ce qui est soluble, et il ne s'agit plus que d'évaporer pour obtenir ces extraits.

Les résines, si abondantes dans quelques végétaux, ne sont pas solubles dans l'eau; mais on remplace ce liquide par l'alcool, qu'on fait digérer sur la plante; l'évaporation suffit pour séparer l'alcool de la résine qu'il tient en dissolution : l'opération se fait dans des alambics ou vaisseaux clos, pour recueillir le dissolvant, et éviter les accidens que pourrait produire la dispersion dans l'atmosphère d'une vapeur très-inflammable.

Indépendamment de la chaleur naturelle ou artificielle qu'on a employée jusqu'ici pour dessécher les fruits ou pour réduire les sucs des végétaux à l'état de sirop et d'extrait, M. de Montgolfier y a appliqué l'action du ventilateur avec un grand succès : j'ai goûté des sucs préparés et épaissis par cette méthode, et j'ai pu juger que la saveur en était très-supérieure à celle des sucs qui avaient été desséchés par les procédés usités et pratiqués jusqu'à lui. Je ne doute pas que cette méthode ne soit généralement adoptée lorsqu'elle sera plus connue.

ARTICLE II.

*De la conservation des fruits de la terre en les préservant
de l'action de l'air, de l'eau et de la chaleur.*

L'air atmosphérique en contact avec des fruits leur enlève continuellement du carbone et forme de l'acide carbonique.

L'eau qui se dépose sur les fruits ou qui en imprègne le tissu, dissout ou délaie quelques-uns de leurs principes constituans, affaiblit l'affinité qui en unit les élémens et facilite la décomposition.

La chaleur dilate les parties, diminue les forces de cohésion et d'affinité, et favorise l'action de l'air et de l'eau.

Lorsque ces trois agens concourent simultanément, la décomposition est prompte; elle est plus lente, si un seul agit sur les fruits, et les résultats sont différens.

Ainsi, pour préserver les fruits de toute décomposition, il faut les garantir de l'action de ces trois agens destructeurs.

Dans plusieurs contrées de l'Europe, surtout dans le Nord, on conserve les racines de toute espèce par des procédés qui n'ont d'autre but que de les soustraire à l'action de ces agens : on creuse des fosses profondes dans un sol sec et un peu élevé; on y dépose les racines, que l'on recouvre d'une couche de terre assez épaisse pour que la gelée ne puisse pas les atteindre; et souvent on abrite le tout d'une couche de paille, de genêt ou de fougère, afin de les garantir de l'eau et de la fonte dés neiges, qui pourraient filtrer dans la fosse.

Pour que la conservation soit parfaite, il faut avoir soin de n'enfermer les racines que lorsque la surface est bien sèche.

Ces racines ont en elles-mêmes un principe de conservation, que n'ont point les végétaux morts ou les produits qui ont terminé leurs périodes de végétation; elles n'ont parcouru que la moitié de leur vie végétative, elles n'ont pas formé leurs graines pour assurer leur reproduction; pour atteindre ce grand but de la nature, les racines profitent de toutes les circonstances qui peuvent favoriser et rétablir leur végétation; mais, placées une fois hors de l'action de l'air, de l'eau et de la chaleur, elles languissent dans le repos, jusqu'à ce que ces agens puissent, par leur contact, exciter leurs organes.

Les corps morts n'ont plus ce principe de vie dont l'action n'est que suspendue, pendant l'hiver, dans les graines, les racines, etc. : aussi se décomposent-ils, quoique plus lentement, quoiqu'on les soustraie au contact de l'air, de l'eau et de la chaleur.

D'après la méthode que je viens d'indiquer, on peut conserver sans altération jusqu'à l'été les pommes de terre, les betteraves, les carottes, etc. Mais il est facile de les garantir, à moins de frais, de toute décomposition, en en formant des tas, sur un sol très-sec, et les recouvrant, sur toutes les faces, de couches de paille qui les préservent de la pluie et de la gelée : on a observé, en Angleterre, que cette méthode était préférable pour les turneps.

On peut encore entasser les racines dans les granges jusqu'à la hauteur de cinq à six pieds : la seule précaution qu'il y ait à prendre, c'est de les recouvrir de paille ou de foin au moment des gelées. Lorsque la végétation de ces racines s'établit dans le tas, on les change de place, et, par ce moyen, on en arrête le développement.

Thomas Dallas a publié des observations très-importantes (*) sur le parti qu'on peut tirer des pommes de terre gelées : on sait que, chez nous, on les rejette comme ne pouvant plus servir à la nourriture, ni fournir de la fécule. Cet habile agriculteur les considère dans trois états : 1°. lorsqu'elles n'ont reçu qu'une légère atteinte de la gelée; 2°. lorsque le tissu voisin de la peau est gelé; 3°. lorsque la gelée a attaqué toute la substance.

Dans le premier cas, il se borne à saupoudrer de chaux la surface, pour absorber l'humidité qui se forme sur la peau, et qui occasionnerait promptement la décomposition complète du fruit. Dans le second, il pèle la pomme de terre et la met dans l'eau légèrement salée, où il la laisse pendant quelques heures. Enfin, lorsque la pomme de terre est complétement gelée, il la fait fermenter, et la distille pour en extraire l'eau-de-vie; il assure

____

(*) *Bibliothèque universelle*, partie AGRICULTURE, t. II, page 128.

que, dans cet état, elle fournit beaucoup plus d'alcool, et d'une qualité supérieure, analogue au meilleur rhum.

La conservation des grains a, de tout temps, occupé les gouvernemens et les agriculteurs: cet objet intéresse d'autant plus, que le blé fait la base principale de la subsistance des peuples européens, et que la disette ou le haut prix de ce premier des alimens, devient la cause ou le prétexte des soulèvemens et des désordres populaires.

L'art de conserver les grains sans altération présente encore l'avantage de faire venir les récoltes abondantes au secours des mauvaises, de maintenir le prix du blé à un prix convenable pour le producteur et le consommateur, et d'éviter ces secousses périodiques de hausse et de baisse, d'abondance ou de disette, qui troublent l'ordre social, provoquent des excès et préjudicient à tous.

Il paraît que les peuples de la plus haute antiquité conservaient les grains pendant des siècles, en les préservant, par des procédés très-simples, de l'action de l'air et de l'humidité.

Depuis un temps immémorial, les Chinois conservent leurs grains dans des fosses qu'ils appellent *teon* : ils creusent ces fosses dans des rocs qui ne présentent ni fentes ni humidité, ou bien ils les pratiquent dans des terres sèches et fermes. Lorsqu'ils craignent l'humidité, ils tapissent les fosses avec de la paille, ou ils y brûlent du bois pour dessécher et affermir la terre. On ne met les grains dans ces fosses que quelques mois après la récolte, et après les avoir bien séchés au soleil; on recouvre ces tas de grain avec des nattes, la bâle du grain ou la paille, et on termine par une couche de terre bien battue, pour que l'eau ne puisse pas pénétrer.

Varron, Columelle, Pline, nous apprennent que les anciens conservaient leurs grains dans des fosses creusées dans le rocher ou dans la terre; le fond et les parois étaient recouverts de paille. Quinte-Curce raconte que l'armée d'Alexandre éprouva de grandes privations sur les bords de l'Oxus, parce que les habitans de ces contrées conservaient leurs grains dans des fosses souterraines, qui n'étaient connues que de ceux qui les avaient creusées (*).

J'ai eu occasion de visiter plusieurs fois à Amboise ce qu'on y appelle les *greniers de César*: l'examen des lieux ne permet plus de douter que cet établissement n'ait été formé pour conserver des grains. A environ trente pieds au-dessus du niveau des eaux de la Loire, on a creusé dans un roc calcaire, sec et uni, de profondes et larges excavations, disposées en trois étages séparés les uns des autres par des voûtes. Derrière ces premières excavations, on en a creusé d'autres, séparées des premières par une cloison du rocher, de six à sept pieds d'épaisseur; dans le milieu de ces dernières, on a bâti, en briques et ciment, des greniers circulaires d'environ quinze pieds de diamètre; la partie supérieure de ces greniers est rétrécie et recouverte par une pierre; c'est par cette ouverture qu'on les remplissait : une trémie placée à la base servait à les vider. Pour éviter toute humidité, on remplissait, avec du sable fin

(1) *Des fosses propres à la conservation des grains;* par M. le comte de Lasteyrie.

et très-sec de la Loire, l'espace compris entre les murs des greniers et ceux du rocher. Une galerie latérale, également creusée dans le roc, communique d'un côté avec ces greniers et de l'autre avec un escalier taillé dans le même rocher, qui conduit directement au bord de la Loire : c'est par-là qu'on transportait le blé dans les bateaux. Il paraît que les grandes excavations servaient de magasins pour la consommation journalière, et que les greniers formaient la réserve.

Il est difficile de concevoir un établissement plus propre à conserver les grains, et de choisir un emplacement plus favorable à l'approvisionnement et au transport.

De temps immémorial, dans certains climats chauds et naturellement secs, on conserve les grains, avec moins de précaution sans doute que dans les fosses, mais de manière à former des réserves pour six à sept ans. Prosper Alpin raconte que, non loin du Caire, on avait entouré d'une haute muraille une enceinte d'environ deux milles de circuit, qu'on remplissait, tous les six à sept ans, de monceaux de froment. Il ajoute que l'abondante rosée des nuits mouille la surface, fait germer la première couche du grain, mais que, bientôt après, les jeunes pousses sont desséchées par le soleil, et qu'il se forme une enveloppe dure qui ne permet plus à l'air et à la rosée de pénétrer dans la masse : de sorte que les particuliers conservent leurs récoltes en plein air, sur une aire, et se bornent à couvrir leurs tas de blé avec des nattes.

Dans la Basilicate, au rapport d'Intieri (*), les cultivateurs forment des tas de blé sur les bords de la mer; les pluies déterminent une forte végétation sur la surface, qui se recouvre d'une couche impénétrable à l'air et à l'eau.

Il est curieux d'entendre raconter par Joinville la manière dont on assura les approvisionnemens pour les besoins de l'armée que saint Louis conduisit en personne à Jérusalem.

« Quant nous venimes en Cypre, le Roy » estoit ja en Cypre, et trouvames grant foi-

(*) *Della perfetta conservazione del grano ; in-4°. pag. 12.*

» son de la pourvéance le Roy; c'est à savoir,
» les celiers le Roy et les deniers et les gar-
» niers. Les celiers le Roy estoient tiex, que
» sa gent avoient fait en mi les champs sur
» la rive de la mer, gran moyes de tonniaus
» de vin, que il avoient acheté de deux ans
» devant que le Roy venist, et les avoient mis
» les uns sus les autres, que quant l'en les
» véoit devant, il sembloit que ce feussent
» granches. Les fourmens et les orges *il les*
» *r'avoient mis* par monciaus en mi les
» champs; et quant en les véoit, il sembloit
» que ce feussent montaignes; car la pluie
» qui avoit batu les blez de lonc temps, les
» avoit fait germer par desus, si que il n'i
» paroit que l'erbe vert.

 » Or avint ainsi que quant *en les vot me-*
» *ner en E'gypte*, l'en abati les crotes de de-
» sus à tout l'erbe vert, et trouva l'en le four-
» ment et l'orge aussi frez comme l'en l'eust
» maintenant batu (*). »

Ce procédé de conservation est sans doute
plus économique, mais il entraîne des dé-

(*) *Histoire de saint Louis.* Paris, 1761, in-folio, pages
28 et 29.

chets, et n'assure pas une durée aussi longue que l'emploi des fosses : aussi leur usage a-t-il prévalu, et on le trouve encore pratiqué dans presque toute l'Europe, et même dans l'Asie et l'Afrique.

Les blés qui servent à la consommation et au commerce d'Alger et de Tunis, sont déposés dans des fosses taillées dans le roc; elles ont trente à quarante pieds de profondeur; on tapisse les parois avec de la paille, et on n'y met le grain que lorsqu'il a été bien séché au soleil.

M. le comte de Lasteyrie a trouvé ce mode de conservation employé à Malte, en Sicile, en Espagne et en Italie.

Il est même des pays dont les gouvernemens ont fait construire des fosses nombreuses, où les cultivateurs déposent leurs récoltes et attendent des momens favorables pour la vente.

En général, pour assurer une parfaite conservation des grains dans les fosses, il faut employer quelques précautions, sans lesquelles on compromettrait le sort des récoltes; elles se réduisent aux suivantes :

1°. On ne doit enfermer le grain dans les fosses que lorsqu'il est bien sec. A cet effet on l'expose au soleil pendant quelques jours, et on le retourne plusieurs fois pour que la dessication soit égale.

2°. Pour construire les fosses, on choisit un terrain sec ou un roc uni, de manière qu'il n'y ait à craindre ni filtration d'eau ni transpiration humide. On peut former les murs des fosses avec le ciment qu'employaient les Romains pour la construction de leurs aqueducs; il était simplement composé de chaux et de pierrailles; ils élevaient ces murs par encaissement, et en polissaient la surface avec le plus grand soin; j'ai eu occasion de voir de nombreux restes de ces aqueducs sur plusieurs points de la France, j'ai trouvé partout un procédé uniforme, et je me suis convaincu que ce ciment était impénétrable à l'eau, et d'une solidité plus que suffisante pour en construire les parois des fosses (*).

3°. La troisième précaution consiste à évi-

(*) On peut encore employer les procédés de construction que propose M. le comte de Lasteyrie dans son ouvrage : *Des fosses pour la conservation des grains.*

ter que l'air ne pénètre dans la fosse. Si ce fluide pouvait s'y renouveler, il y porterait à-la-fois de l'humidité et de l'oxigène, qui sont les deux principes de la germination ; il permettrait aux insectes de respirer, conséquemment de continuer leurs ravages et de se multiplier : tandis que, lorsque la fosse est bien close et pleine de grains, l'air qui y est enfermé se change en acide carbonique (comme nous l'avons vu en parlant de l'action de l'air sur tous les fruits), et les insectes y restent assoupis ; l'expérience est venue à l'appui de cette dernière assertion, dans les essais qui ont été faits sur la conservation des blés, par l'administration des vivres de la guerre, ainsi que nous le verrons bientôt.

Mais la construction de ces fosses entraîne des dépenses, et nécessite des soins, que le simple agriculteur repoussera long-temps. Quelque avantageux que soit ce mode de conservation, il n'appartient qu'aux administrations publiques, aux grandes villes et au gouvernement de donner un exemple salutaire, en retirant de la circulation une grande masse de blé dans les années d'abondance, pour le

déposer dans les fosses, et le garder en réserve afin de s'en servir dans les années cala-
miteuses.

De nos jours, on a beaucoup écrit sur la
conservation des grains; on a varié les méthodes de bien des manières, mais toutes sont
fondées sur les mêmes principes.

L'administration des vivres de la guerre,
sous la direction de M. le comte Déjean, a
tenté une suite d'expériences bien conçues,
qui ont donné d'excellens résultats : les appareils étaient des récipiens de plomb hermétiquement fermés et soudés dans tous les
joints.

Les résultats de ces expériences en ont présenté un extrêmement précieux : on enferma
des farines et des blés remplis de charançons
dans trois récipiens; on les ouvrit au bout
d'une année révolue, et on trouva que les
charançons n'avaient absolument commis aucun dégât; tous étaient morts ou asphyxiés.
Dans l'un de ces récipiens, on trouva dans
le fond un petit tas de grains agglomérés, de la
grosseur d'une pomme moyenne et sentant le
moisi : cet accident provenait d'une petite ou-

verture, du diamètre d'une épingle, qu'on avait oublié de souder et par où s'était introduite l'humidité.

M. Ternaux l'aîné a fait construire des fosses dans sa belle campagne de Saint-Ouen; il les a remplies de blé : on les a ouvertes d'année en année, pour s'assurer de l'état de la conservation du grain, et jusqu'ici les résultats ont été satisfaisans.

Le blé se conserve très-bien et long-temps dans son épi très-sec et garanti de l'air et de l'humidité, tout le monde sait que c'est un moyen de conservation employé dans les pays de grande culture où l'on forme des meules, des gerbiers, qu'on ne démonte que pour fournir à la consommation et à la vente, aux époques où le battage en grange peut seul occuper les employés de la ferme.

Au lieu de construire des fosses en dehors des habitations pour y conserver les grains, on peut pratiquer dans l'intérieur, des cuviers en pierre d'une grandeur proportionnée à la quantité de blé que fournit un domaine, et en recouvrir l'ouverture de manière à ce que l'air et l'humidité n'y pénètrent point.

On peut également employer à cet usage des caisses et des cuves en bois, en enduisant la surface extérieure d'une bonne couche de couleur à l'huile.

Les grands vases en terre dans lesquels on conserve l'huile dans le midi sont encore très-propres à cet usage.

Quelle que soit la méthode qu'on adopte, elle sera préférable à celle de conserver les grains dans les greniers ; les soins que cette dernière exige ne garantissent qu'imparfaitement les grains de l'humidité, des insectes, des souris, etc., et leur conservation sans altération ne s'étend guère au-delà de trois à quatre ans.

Il n'est point rare que les blés déposés dans des lieux humides ou emmagasinés sans être bien secs, contractent l'odeur de *moisi* : cette altération les rend impropres à servir à leurs usages ordinaires. Mais comme cette altération n'attaque point la substance du grain et qu'elle se borne à la partie de l'écorce, on peut aisément la corriger en versant sur le blé le double de son poids d'eau bouillante, et agitant la masse avec soin jusqu'à ce que le liquide soit refroidi; on enlève les grains gâtés qui nagent à la surface, on décante l'eau et on sèche le grain qui s'est précipité.

M. Peschier préfère d'employer l'eau légèrement alcaline et bouillante pour détruire la moisissure; il lave ensuite le grain à l'eau fraîche (*).

Lorsque les blés sont échauffés ou viciés d'une manière notable, presque toujours la partie végéto-animale est décomposée ou au moins sensiblement altérée : dans ce cas, la farine ne peut plus éprouver une bonne fermentation panaire; et le pain qui en provient est malsain : ce grain ne peut servir qu'aux amidonneries.

La conservation des sucs végétaux et autres alimens ne mérite pas moins d'attention que celle des blés.

Les substances dont nous allons nous occuper en ce moment présentent le principe alimentaire délayé ou dissous dans un fluide aqueux, ce qui facilite déjà singulièrement leur

(*) *Annales de chimie et de physique*, tome VI, page 87.

altération et leur décomposition. Il ne suffit pas même de les soustraire à l'action de l'air et de la chaleur, puisqu'elles portent, pour la plupart, en elles-mêmes des principes de fermentation, qui réagissent l'un sur l'autre et produisent la décomposition.

Ainsi pour conserver ces substances, il faut non-seulement les mettre à l'abri de l'air, mais il faut encore dénaturer l'un des principes de la fermentation pour détruire ce levain inhérent de décomposition : c'est ce qui s'opère par le procédé conservateur de M. Appert, qui produit les meilleurs effets.

Comme les bons résultats obtenus par le procédé de M. Appert sont confirmés par des expériences nombreuses, je me bornerai à les faire connaître : on pourra consulter l'ouvrage qu'il a publié, pour y puiser la connaissance des détails nécessaires pour chaque opération (*).

Le procédé consiste :

1°. A renfermer dans des bouteilles de verre

(*) *Le livre de tous les ménages*, ou *l'Art de conserver pendant plusieurs années toutes les substances animales et végétales*, 1811, 2ᵉ. édition ; par M. Appert.

les substances liquides ou solides qu'on veut conserver;

2°. A boucher ces vases avec un soin extrême;

3°. A placer ces vases debout dans une chaudière, que l'on remplit d'eau fraîche jusqu'à la cordeline ou bague de la bouteille;

4°. A porter l'eau à l'ébullition et à l'entretenir plus ou moins long-temps dans cet état, selon la nature de la substance qu'on traite.

On voit d'après cet exposé qu'il suffit d'un chaudron et de bouteilles pour exécuter cette opération, et qu'on peut la pratiquer dans les plus petits ménages.

Mais chaque partie du procédé exige des précautions à prendre pour éviter les accidens et assurer la réussite : je me bornerai à indiquer les principales, sur-tout celles qui sont absolument nécessaires.

Le choix des bouteilles n'est pas indifférent : celles de Champagne présentent la forme la plus favorable; le verre y est réparti d'une manière plus égale que dans les autres; la composition en est plus liante; on doit en général leur donner la préférence, sur-tout à celles qui ont déjà résisté à l'effort du gaz comprimé du vin mousseux.

On ne saurait apporter trop de soin au choix des bouchons : on ne doit employer que les superfins et rejeter ceux qui ont quelques défauts ; leur longueur ne peut pas être moindre de dix-huit à vingt lignes, et leur diamètre un peu plus fort que celui du goulot de la bouteille, pour qu'on puisse les enchâsser de force, à coups de palette ou maillet.

On remplit les bouteilles jusqu'à trois pouces de la cordeline : lorsqu'on s'est assuré du bouchon qui convient, on le trempe à moitié dans l'eau; on en essaie le petit bout, et on l'assujettit au goulot, en l'y tournant par l'effort de la main aussi profondément qu'on le peut. On enveloppe alors la bouteille avec un torchon, on en saisit le col avec la main gauche, on serre fortement, et à coups de palette redoublés on introduit le bouchon ; on en laisse dehors la longueur de quelques lignes pour recevoir le fil de fer ou la ficelle, avec lesquels on l'assujettit.

On met ensuite chaque bouteille dans une

poche de toile forte, qui l'enveloppe jusqu'au bouchon; ces bouteilles sont mises debout dans le chaudron qu'on remplit d'eau, jusqu'à ce qu'elle baigne la cordeline, On couvre le chaudron d'un couvercle, sur lequel on étend un linge mouillé pour fermer les issues.

L'appareil étant ainsi disposé, on chauffe l'eau, on la porte à l'ébullition, et on l'entretient à ce degré plus ou moins de temps, suivant la nature des substances qu'on veut préparer.

Un quart d'heure après qu'on a retiré le feu du foyer, on vide l'eau du bain-marie, à l'aide d'un robinet placé au bas de la chaudière, ou par le moyen d'un siphon; on découvre la chaudière pour n'en retirer les bouteilles qu'une ou deux heures après.

Lorsqu'on veut préparer des viandes et autres alimens solides sans les déformer, on emploie des bocaux à large ouverture; on procède ensuite de la même manière qu'avec les bouteilles à col étroit.

De bon bouillon de viande traité dans des bouteilles; et du bœuf cuit aux trois quarts, mis en bocaux, ont subi une heure d'ébullition dans l'appareil, et après un séjour de dix-huit mois sur mer ou dans les ports, on les a trouvés aussi bons que si on venait de les préparer.

On a l'attention de bien tasser les viandes et les autres corps solides dans les bocaux, pour y laisser le moins d'air possible interposé.

On peut préparer de cette manière et conserver pendant long-temps les consommés et les gelées de viande, ainsi que toutes les parties des animaux quelconques qui servent à la nourriture de l'homme.

Le lait et tous les produits qu'on en extrait, se conservent parfaitement par le même procédé.

Avant de mettre le lait en bouteilles, on le rapproche à moitié par l'évaporation, à la chaleur du bain-marie, ou, mieux encore, à celle du bain de vapeur; on enlève avec soin les écumes qui se forment à la surface; demi-heure avant la fin de l'évaporation, on y délaie un jaune d'œuf par litre de lait réduit; on laisse refroidir, et on verse dans les bouteilles, pour lui faire subir deux heures de bouillon.

Le lait se conserve tel qu'on l'a mis en bouteilles; au bout de deux ans, il a paru n'avoir éprouvé aucune altération : on peut, après ce laps de temps, en extraire le beurre et le petit-lait comme du lait frais.

Sans doute on ne prétend pas que le lait préparé de cette manière conserve toutes les qualités qui caractérisent le lait frais; il a presque toujours l'odeur et le goût de la frangipane; mais tel qu'il est, il forme un aliment agréable et précieux pour les voyages de long cours.

La crême, rapprochée d'un cinquième au bain-marie, est versée dans les bouteilles après qu'on en a enlevé la peau coagulée à la surface, et on la soumet à une heure de bouillon : au bout de deux ans, elle n'était pas sensiblement altérée.

Les végétaux dont on fait un si grand usage dans tous les ménages, se préparent et se conservent de la même manière; mais l'ébullition est moins prolongée, et pour quelques-uns, on est obligé de les disposer à cette opération par de légères préparations. Pour les asperges, par exemple, on les lave et on les plonge dans l'eau bouillante, et de suite dans l'eau fraîche, afin de leur ôter leur âcreté naturelle; on ne leur donne qu'un bouillon. Pour conserver aux petites fèves de marais leur couleur, on plonge d'abord dans de l'eau bien fraîche les bouteilles qui en sont remplies, et on les en retire, après une heure d'immersion, pour les boucher, les ficeler et leur donner une heure de bouillon. Quant aux artichauts, après les avoir passés à l'eau bouillante, on les lave à l'eau fraîche, on les égoutte et on les soumet dans les bocaux à une heure de bouillon. Les choux-fleurs se préparent comme les artichauts avec la seule différence qu'il ne leur faut que demi-heure de bouillon.

Les carottes, choux, navets, panais, betteraves, sont d'abord lavés, cuits à moitié dans l'eau avec un peu de sel; ils sont ensuite égouttés, refroidis, mis en bouteilles et exposés à une heure de bouillon; les oignons, le céleri, disposés de même, n'exigent que demi-heure.

En général les légumes préparés et assaisonnés soit au gras, soit au maigre, lorsqu'ils sont cuits aux trois quarts, et mis dans les bouteilles, pour leur donner vingt minutes de bouillon, se conservent très-bien.

Les plantes antiscorbutiques, et les sucs qu'on extrait de tous les fruits et végétaux, n'exigent qu'un bouillon pour acquérir la faculté d'une parfaite conservation.

Lorsqu'on opère sur des sucs, on les dépure et clarifie avec soin, avant de les mettre dans les bouteilles. Les plantes n'exigent que d'être bien lavées, épluchées, séchées et ensuite tassées dans les bouteilles.

Pour faire usage de ces préparations, il faut leur donner ensuite, par l'apprêt, les propriétés et jusqu'aux apparences de celles de même nature qu'on prépare journellement dans nos cuisines et nos offices.

Les alimens qui ont été cuits avant d'être enfermés dans les bouteilles ou bocaux, ne demandent qu'à être chauffés.

Les consommés n'exigent que l'eau nécessaire pour former de bons potages.

Les gelées de bœuf, de veau, de mouton, de volailles, etc., étendues d'eau bouillante, et assaisonnées d'un peu de sel, donneront d'excellens bouillons.

On lave les légumes, au sortir de la bouteille, et on les traite ensuite comme s'ils étaient frais.

Les sucs reçoivent leur destination ordinaire, comme aliment, boisson ou médicament.

Je terminerai cet article par faire observer qu'on préserve encore quelques corps de la destruction, en les garantissant de l'action de l'air, de l'humidité et des insectes, à l'aide des vernis dont on recouvre la surface : cet usage est devenu général; et lorsque les vernis ne s'écaillent point et qu'ils sont appliqués sur des corps bien secs, ils en assurent une longue durée.

Les couleurs à l'huile siccative produisent le même effet, de même que le goudron.

L'usage s'est introduit à Paris, depuis peu de temps, de conserver les œufs frais en les tenant immergés dans l'eau de chaux; ils se recouvrent à la surface d'une couche de chaux, qui empêche que l'air ne pénètre dans l'œuf, ce qui les préserve de toute altération.

ARTICLE III.

De la conservation des alimens par les sels et les liqueurs spiritueuses.

On peut conserver la plupart des corps employés à notre nourriture, ou à d'autres usages domestiques, par les moyens suivans :

1°. En les immergeant dans des liquides qui ne puissent ni les dissoudre, ni s'altérer eux-mêmes avec le temps ;

2°. En les dénaturant en partie et les combinant avec les corps qui forment avec eux des composés indestructibles ;

3°. En les saturant de sels.

1°. Pour opérer par la première méthode, on emploie ordinairement l'alcool ou l'eau-de-vie : il serait possible de se servir de beaucoup d'autres substances, telles que les acides, les huiles volatiles, etc.; mais elles altèrent le goût et changent les qualités de la plupart de ces corps qu'on destine à la nourriture.

On pourrait préparer et conserver presque toutes les espèces de fruits par l'alcool; mais on n'emploie à cet usage que ceux qui ont peu de volume, parce que le liquide ne pourrait pas pénétrer dans toute la substance charnue des plus gros, et que leur conservation serait plus ou moins imparfaite. Je me bornerai donc à faire connaître la préparation de la cerise et de la prune à l'eau-de-vie.

On exprime le suc de six livres de cerises précoces et bien mûres, et on le met sur le feu dans un poêlon à confiture, avec trois livres de sucre en poudre; on fait bouillir à un feu doux pendant une demi-heure : le poêlon est alors retiré du feu, et on y jette de suite une livre de framboises bien parfumées, qui s'y fondent en peu de temps, à l'aide de la pression que l'on exerce avec l'écumoire : on verse six litres ou pintes de bonne eau-de-vie et quelques aromates, tels que cannelle, girofle, vanille, etc.

Cette préparation est conservée dans des vases fermés qu'on expose au soleil.

Dès que la grosse cerise est mûre, on passe à la chausse la préparation à l'eau-de-vie dont je viens de parler, et on la met de suite dans des bocaux de verre, que l'on remplit des cerises qu'on veut conserver. Ces vases sont exposés, bien bouchés, sur des fenêtres, au soleil, jusqu'au moment où ces fruits doivent être consommés.

Lorsqu'on veut préparer les prunes, on procède d'une manière qui diffère un peu de la précédente.

On prend les plus belles prunes reines-claudes, on les pique et on les met dans une bassine avec de l'eau froide ; on fait chauffer l'eau, on enlève les prunes avec l'écumoire, à mesure qu'elles s'élèvent, et on les jette dans l'eau froide.

On dissout deux livres de sucre dans trois livres d'eau chaude, et lorsque ce sirop est refroidi on y plonge les prunes, qu'on laisse se pénétrer de sucre, à une douce chaleur, pendant quelque temps; ces prunes sont re-tirées de l'eau pour concentrer un peu le si-rop par le feu : alors on y replonge les prunes, qu'on traite comme à la première immersion; on les retire encore afin de concentrer le si-rop à consistance; on y rejette les prunes pour la dernière fois. Après ces opérations, les prunes et le sirop sont mis dans des bo-caux, où l'on verse une quantité d'eau-de-vie égale au volume des prunes et du sirop : il faut ne conserver dans cet état que les prunes qui n'ont pas perdu leurs formes.

La description de ces procédés suffit pour diriger ceux qui voudraient préparer d'autres fruits par cette méthode.

Lorsqu'on remplace le sucre par des sirops, il faut employer de l'eau-de-vie plus forte.

L'alcool dissout et conserve l'arome des plantes et des fruits; il suffit de les faire infuser dans ce liquide et de passer ensuite l'infusion à travers un filtre.

Je ne puis pas me refuser à prescrire ici quelques méthodes pour composer des liqueurs alcooliques, dont l'usage modéré me paraît précieux pour conserver la santé de l'habitant des campagnes. Je sens que pour atteindre ce but, je dois moins m'occuper de donner à ces boissons les qualités qu'exigent le luxe et le goût exercé et délicat des personnes opulentes, que d'apporter dans leur fabrication une sévère économie, des procédés faciles, et l'emploi des matières que la mère de famille a sous sa main.

Pour composer trois pintes de ratafiat de

noyaux, on écrase deux cents noyaux d'abricots dont on sépare l'amende : ces noyaux sont exposés à la chaleur du soleil. Quelques jours après les avoir réduits en poudre dans un mortier, on les met dans une bouteille avec deux pintes de bonne eau-de-vie : la bouteille est bouchée avec soin et exposée au soleil. Vingt jours après, on filtre la liqueur et on y mêle la dissolution d'une livre et demie de sucre dans une chopine d'eau, ou deux livres et demie de bon sirop. Lorsqu'on mêle quelques amandes concassées avec les noyaux, la liqueur en est plus parfumée.

On fait encore du ratafiat avec les seules amandes : à cet effet, on les jette dans l'eau bouillante pour en *dérober* la pellicule; elles sont concassées dans un mortier de marbre ou de bois avec un peu d'eau et de sucre, et l'on met cette pâte dans une bouteille avec de l'eau-de-vie : après quelques jours d'exposition au soleil, la dissolution est filtrée et mêlée de suite avec le sirop convenable.

On peut encore employer l'amande et les noyaux de pêche concassés pour former de bon ratafiat.

La base de toutes ces liqueurs est l'eau-de-vie et le sucre ; leur différence provient de l'arome et des autres parties végétales qu'on y incorpore.

Il est avantageux de former une première liqueur qui serve d'excipient général, dans lequel on met les diverses substances qui peuvent flatter le goût et l'odorat.

Pour obtenir cette liqueur première, il faut dissoudre huit livres de sucre dans trois fois son poids d'eau ; on fait bouillir, on écume, et lorsque tout le sucre est fondu, ce liquide est passé au travers d'un linge propre, et mis dans une cruche. Dans cet état, on y mêle dix pintes de bonne eau-de-vie ; on bouche la cruche et ce sirop est conservé dans un lieu frais.

Lorsqu'on veut se servir de cette préparation, on met dans une bassine la portion qu'en veut employer, on lui imprime un léger degré de chaleur en y ajoutant les aromes qu'on lui destine.

S'il s'agit de composer la liqueur de fleurs d'orange, après y avoir fait infuser les pétales de ces fleurs, on filtrera au travers du papier gris. Le poids des fleurs doit être le huitième du sucre employé.

S'agit-il de parfumer la liqueur au cédrat, à la bergamotte, à l'orange ou au citron, on râpe la surface de ces fruits avec des morceaux de sucre, qui s'imprégnent de l'huile volatile contenue dans de petites vessies cachées sous l'épiderme, et ce sucre, chargé de l'arome sera dissous dans la liqueur. La vanille, la cannelle, le girofle, peuvent être employés de la même manière.

On compose encore ces liqueurs avec les sucs bien épurés des fruits. Je donnerai pour exemple le ratafiat des *quatre fruits*.

Après avoir exprimé le jus de dix livres de cerises, autant de groseilles, cinq livres de framboises et cinq livres de cassis et merises, on passe avec expression, et l'on ajoute sur chaque pinte de jus une livre de bonne eau-de-vie; on laisse reposer le tout pendant vingt-quatre heures. Au bout de ce temps, le mélange est filtré et on y fait fondre huit onces de sucre par pinte. Six semaines après, la liqueur est de nouveau filtrée; on peut parfumer agréablement ce ratafiat en y ajoutant des œillets rouges ou un peu de cannelle, de girofle, de coriandre concassés et quelques amandes amères.

L'alcool peut encore préserver de la putréfaction toutes les substances animales : c'est par ce moyen que l'on conserve les préparations anatomiques et quelques animaux entiers. La conservation n'est parfaite qu'autant qu'on emploie l'alcool le plus pur du commerce : si le principe aqueux prédomine dans cette liqueur, il extrait et dissout des parties animales qui ne tardent pas à se corrompre. Il faut avoir l'attention de boucher bien hermétiquement les bocaux dans lesquels on met ces substances, pour qu'il n'y ait pas déperdition d'alcool par l'évaporation.

L'alcool employé d'une autre manière conserve parfaitement les animaux d'un petit volume; les essais que j'ai faits sur les oiseaux m'en ont donné une entière conviction. Je suspends les oiseaux par le bec, et leur lie l'anus avec un fil : à l'aide d'un petit entonnoir que j'adapte au gosier, je remplis l'estomac et les intestins d'un alcool très-pur; dès qu'il est évaporé, j'en introduis de nouveau et ainsi de suite, jusqu'à ce que les chairs de l'oiseau soient desséchées comme de l'amadou : on peut alors conserver l'animal avec toutes ses formes, sans craindre aucune altération.

II°. Le second moyen de conservation dont je parlerai dans cet article, consiste à combiner les corps avec des substances qui en forment des composés indestructibles.

L'exemple le plus frappant que je puisse donner de l'application de ce procédé, est celui que présente la conversion des peaux en cuirs : ici, on combine le tannin des végétaux avec la gélatine, qui forme la presque totalité des peaux, et il en résulte un composé dur, indestructible, conservant les formes primitives de la peau avec une augmentation de poids.

III°. Enfin, en imprégnant les substances animales de sels inaltérables à l'air, et qui en pénètrent tout le tissu, on les préserve de toute décomposition.

La salaison des viandes et du poisson est la méthode de conservation la plus générale et la plus précieuse; elle forme l'objet d'un commerce immense entre les nations ; elle assure l'approvisionnement des vivres dans beaucoup de positions et de circonstances où ils manqueraient sans ce moyen.

L'Irlande a été le berceau des bonnes salaisons, et le commerce qu'on y fait des viandes salées est encore très-étendu, quoique le Danemark et d'autres nations aient adopté les mêmes procédés. Je décrirai succinctement la méthode qui y est pratiquée (*).

On ne destine à la salaison que les bœufs gras, âgés de cinq à sept ans ; avant et après ce terme, la viande a trop peu de consistance ou trop de dureté.

Lorsque le bœuf vient de loin, il n'est abattu que deux jours après son arrivée ; dans l'intervalle on ne lui donne que de l'eau.

Il doit être bien saigné, pour que tout le sang soit extrait du corps ; malgré cette précaution, on est obligé, lorsqu'on le dépèce, de nettoyer et d'enlever avec soin le sang qui peut adhérer à la viande.

(*) On pourra trouver de plus longs développemens dans l'ouvrage de M. Martfelt, traduit du danois par M. Bruun-Neergaard.

On ne s'occupe de le mettre en pièces qu'un jour après qu'il a été tué.

On extrait soigneusement la moelle des os.

Le sel qu'on emploie doit être le plus pur, le plus fin et le plus pesant ; le petit sel du Portugal est réputé le meilleur.

La proportion en volume du sel avec la viande est de vingt-deux à cent. Si on n'emploie que le sel portugais, la proportion est de deux à sept et demi. La proportion en poids est en général d'un de sel contre six de viande.

Pour bien faire pénétrer le sel dans la viande, les saleurs ont la main droite garnie d'une *manique* ou gant ferré, composé de deux ou trois carrés de cuir de semelle, liés par des clous très-serrés et rivés à la surface interne ; une lanière de cuir sert à assujettir le gant à la main, et en forme une espèce de *brosse d'écurie*. C'est avec ces gants qu'on fait entrer le sel, qu'on exprime le sang et les sucs dont la viande peut être imprégnée. Chaque morceau de viande est successivement transmis à une série de saleurs, qui exécutent la même opération ; et lorsqu'il arrive au dernier, qui est le plus exercé et le plus habile, celui-ci examine s'il y a quelque défaut, s'il y a quelque veine qui n'ait pas été ouverte; il corrige les défauts, il ouvre les veines, y fait pénétrer le sel et jette dans le tonneau les morceaux salés.

La viande reste à l'air dans ce tonneau pendant huit à dix jours; le sel la pénètre et se résout en saumure. On la retire pour *l'émbariller.*

Pour embariller la viande, on la prend dans le tonneau, et on verse toute la saumure dans un baquet. Alors on forme une couche de sel portugais, de l'épaisseur d'un doigt, dans le fond du tonneau, et on la recouvre d'une couche de viande, en observant de la tasser le plus possible pour ne laisser aucun vide; on fait un second lit de sel, sur lequel on dispose de la viande, et on procède par couches alternatives de sel et de viande jusqu'à ce que le tonneau soit rempli. Il faut avoir l'attention de mettre dans le fond des tonneaux les morceaux de qualité inférieure, dans le milieu ceux de qualité médiocre, les meilleurs doivent occuper le haut.

Lorsque la viande est placée dans cet ordre, on la presse avec un poids de cinquante livres et, quelque temps après, on ferme le tonneau.

On fait ensuite un trou à l'un des fonds du tonneau, et l'on souffle avec force, pour s'assurer que la futaille ne *fuit* point; lorsqu'il ne s'en échappe point d'air, on bouche le trou; dans le cas contraire, on ferme la fente par où l'air sort.

Lorsque le tonneau est bien conditionné, on ouvre la bonde, et on y fait couler de la saumure jusqu'à ce que le contenu en soit saturé et recouvert : moins la viande boit de saumure, mieux elle se conserve.

Après quinze jours de repos, on examine si le tonneau est bien rempli de saumure, et l'on y en fait couler jusqu'à ce qu'il refuse d'en recevoir. On souffle encore pour se convaincre que le tonneau ne perd point, alors l'opération est finie.

On sale les langues dans des tonneaux particuliers.

La manière de saler les porcs ne diffère de celle que je viens de décrire pour saler le bœuf, qu'en ce qu'on frotte moins le lard.

L'art de *fumer le bœuf* a été porté, à Hambourg, à une telle perfection, que les autres nations n'ont pas pu l'atteindre, et *le bœuf fumé de Hambourg* jouit par-tout de la première réputation.

On emploie à cette opération les bœufs les plus gras du Jutland et du Holstein; on préfère ceux d'un âge moyen.

On sale la viande avec le sel anglais. Les sels les plus forts, tels que ceux du Portugal, privent la viande de sa saveur naturelle; d'ailleurs la fumigation formant un second préservatif de la putréfaction, il n'est pas nécessaire de donner les mêmes soins à la salaison.

Pour conserver le plus possible à la viande une couleur rougeâtre, on la saupoudre d'une certaine quantité de salpêtre, et on la laisse huit jours dans cet état avant de la fumer.

On établit des foyers dans les caves, on y brûle des copeaux de chêne très-secs; deux cheminées portent la fumée du combustible au quatrième étage, et la versent dans une chambre par deux ouvertures opposées; la capacité de la chambre est calculée sur la quantité de viande qu'on veut fumer; mais le plafond n'est élevé au-dessus du sol que de cinq pieds et demi. Au-dessus de cette chambre, il en existe une autre, construite en planches, dans laquelle la fumée se rend par un trou formé au milieu du plafond de la première, et d'où elle s'échappe par des ouvertures qu'on a pratiquées sur les côtés.

On suspend les morceaux de viande dans la première chambre, à un demi-pied de distance l'un de l'autre; on entretient le feu nuit et jour, pendant un mois et quelquefois pendant six semaines, selon la grosseur des morceaux.

On place les boudins dans la seconde chambre, et on y laisse les plus gros pendant huit à dix mois.

Dans ce procédé, on combine deux moyens de conservation : le premier, c'est la salaison; le second, c'est l'acide pyroligneux qui est fourni par la combustion, et qui constitue la presque totalité de la fumée; cet acide pénètre les viandes, et peut seul les préserver.

de la putréfaction, comme je l'ai éprouvé plusieurs fois; mais lorsqu'on l'emploie seul, les viandes se racornissent et prennent une couleur noire et désagréable.

Les substances animales, immergées dans un acide faible ou dans de l'eau aiguisée par un acide fort, tel que le sulfurique, peuvent être garanties long-temps de la putréfaction; mais ce procédé n'est point applicable à celles qu'on destine à la nourriture.

On peut encore remplacer le sel marin par d'autres sels; mais outre qu'ils sont plus coûteux, ils présentent ou du danger pour la santé, ou une saveur plus ou moins désagréable, qui se communique à la viande, et dont on ne peut pas la priver entièrement.

Le beurre forme un aliment précieux et d'une grande ressource pour les habitans des campagnes : mais dans les pays où l'étendue et l'abondance des pâturages permettent d'élever beaucoup de bêtes à cornes, il est impossible de consommer dans sa fraîcheur tout le beurre qu'on y prépare; comme d'ailleurs la fabrication du beurre n'est pas égale dans toutes les saisons de l'année, il faut avoir le moyen de le conserver sans altération, et ce moyen consiste à le saler.

Le choix d'un sel propre à la salaison du beurre n'est pas plus indifférent que lorsqu'il s'agit de saler les viandes. On ne doit employer que celui qui, par une longue exposition à l'air, sur les bords des marais salans, a perdu tous les sels déliquescens qui y sont mêlés; ce sel est alors plus sec et plus pur, il attire peu l'humidité, et n'a plus cette âcreté ni cette amertume qui caractérisent les sels fraîchement extraits des eaux salées par l'évaporation.

Mais quel que soit le sel qu'on emploie, il est prudent et utile de le blanchir, et de le purifier par le procédé qui est en usage dans nos cuisines; on le dessèche au four et on le broie ensuite dans un mortier de pierre ou de bois.

Il ne s'agit plus que de pétrir le beurre avec le sel et de l'y répartir également; on en remplit ensuite des pots de grès bien lavés et très-secs : si sept à huit jours après, on s'aperçoit que le beurre s'est tassé et qu'il s'est formé du vide entre lui et les parois des vases, on prépare une forte saumure en saturant l'eau chaude par du sel épuré, et on la verse froide et peu-à-peu sur le beurre, jusqu'à ce qu'il en soit bien recouvert. Ces pots de beurre salé sont portés dans un lieu frais, pour en être extraits et livrés successivement au commerce et à la consommation locale.

On peut encore préserver pour long-temps le beurre de toute altération en le faisant fondre dans un pot, à une très-légère chaleur. Il se forme à la surface une couche de fromage qu'on écume avec soin, et lorsqu'il ne s'en forme plus, on le retire du feu pour le laisser figer.

Lorsqu'on veut conserver les sucs des fruits et en former des alimens aussi sains qu'agréables pour toutes les saisons, on emploie le sucre au lieu du sel ; il a le double avantage sur le sel de corriger l'acidité de quelques fruits et de s'incorporer beaucoup mieux avec eux. Le sucre ajoute à la qualité des sucs, tandis que les sels, qu'on ne pourrait pas en extraire, ne permettraient plus de les employer comme alimens.

Les préparations qu'on fait par ce moyen
sont les gelées et les sirops : les premières
sont plus concentrées et servent d'aliment;
les secondes peùvent être facilement délayées
dans l'eau et sont généralement employées
comme boissons.

Après avoir expriméles sucs, on les clarifie,
on les filtre et on y met la dose convenable de
sucre, ce qui va, pour quelques-uns, jusqu'à
poids égal; ensuite on évapore à une chaleur
douce jusqu'à la consistance requise : l'opération se termine par la clarification des sirops, ce qui les rend transparens et plus
agréables à l'œil.

CHAPITRE XI.

DU LAIT ET DE SES PRODUITS.

De tous les produits d'une ferme, le lait est un de ceux qui concourent le plus puissamment à la prospérité de l'établissement. Non-seulement il forme, par lui-même et par les principes qu'on en retire, un des principaux alimens de la famille ; mais la vente d'une partie des produits fournit encore une recette journalière, qui permet de pourvoir à presque tous les besoins de l'intérieur du ménage. J'ai donc cru ne pas m'écarter de mon sujet, en accordant un chapitre de mon ouvrage à un objet aussi important.

Le lait me paraît être une des parties les moins animalisées du règne animal. La plupart des alimens dont se nourrissent les différentes femelles lui impriment des qualités particulières : celui d'une vache nourrie avec la tige et les feuilles du maïs ou avec le marc de la betterave, est très-doux et sucré; celui de la vache nourrie avec des choux n'a pas une saveur aussi douce et exhale un parfum désagréable; le lait des vaches qui broutent l'herbe des prairies humides est à-la-fois séreux et fade. Nous pouvons tirer de ces principes une première conséquence, c'est qu'on peut varier la qualité du lait par le choix des alimens, et qu'il est en notre pouvoir de l'approprier aux besoins des nourrissons, à la santé des hommes et à l'état des malades, en modifiant par la nourriture la qualité et la quantité des produits qu'on peut en extraire.

Les nombreuses expériences qui ont été faites par MM. Deyeux et Parmentier pour constater l'effet de la nourriture sur le lait de vache, leur ont présenté les résultats suivans : 1°. qu'il est dangereux de changer brusquement la nature des alimens, parce que chaque changement diminue pour quelque temps la quantité du lait, quoique la nourriture puisse être meilleure et plus succulente; 2°. que toutes les plantes ne donnent pas au lait leurs propriétés caractéristiques, et qu'il en est qui ne portent une action particulière que sur l'un ou l'autre des principes constituans du lait.

En distillant le lait au bain-marie, on en extrait environ un seizième en poids d'une liqueur limpide, qui présente l'odeur particulière au lait et contient une matière animale, putrescible, qui peu-à-peu trouble la couleur, rend le produit visqueux, et se corrompt plus ou moins promptement, selon la nature des alimens qui ont servi de nourriture à l'animal.

Cette premiere distillation n'a point dénaturé les principes constituans du lait; ils restent en une masse grasse, d'une saveur sucrée et de couleur d'un blanc jaunâtre.

Le beurre et le fromage forment les deux principaux élémens de la composition du lait; la crême qu'on en sépare, et dont on fait un produit avantageux, n'est qu'un composé, où le beurre domine et d'où on l'extrait par une manipulation très-simple : le petit-lait qu'on obtient après avoir retiré le beurre et le fromage, contient quelques sels en dissolution, et sert de véhicule ou de dissolvant à tous les principes constituans du lait.

Les principes contenus dans le lait ne sont pas liés par une grande force d'affinité; le simple repos suffit pour dégager le beurre qui s'élève à la surface, où il forme une couche, dans laquelle il se trouve mélangé avec du lait : c'est cette couche qui constitue ce qui est connu sous le nom de *créme*. En cet état, le beurre n'a qu'une faible consistance, et il existe encore en combinaison avec une partie du liquide; mais le battage l'en sépare parfaitement, et dès-lors il se présente avec toutes les qualités qui lui sont propres.

Je crois devoir parler séparément de ces deux produits, parce que leur préparation présente quelques phénomènes que je crois dignes d'attention.

ARTICLE PREMIER.

De la crême.

La surface du lait abandonné au repos dans un lieu frais se recouvre d'une couche de matière épaisse, onctueuse, agréable au goût, ordinairement d'un blanc mât : c'est cette substance qu'on appelle *crême*.

La première couche qui se forme n'a presque pas de densité ; mais à mesure que le beurre monte, elle s'épaissit ; et lorsqu'en pressant du doigt sur la surface, on le retire sans empreinte de lait, on peut alors *écrémer* : vingt-quatre heures suffisent, à une température de douze degrés du thermomètre de Réaumur ; mais lorsqu'il fait plus chaud, la couche se forme plus vite et la crême a moins de consistance : on peut alors écrêmer après douze heures de repos. La crême est d'autant meilleure, soit qu'on l'emploie à cet état, soit qu'on en retire le beurre, qu'on l'a laissée séjourner moins long-temps sur le lait.

On conserve la crême dans des endroits frais et dans des pots dont l'orifice est étroit et fermé exactement, pour la soustraire au contact de l'air et aux variations de température de l'atmosphère.

Il résulte des expériences faites jusqu'à ce jour : 1°. que la crême se sépare du lait avec d'autant plus de facilité, que les vases présentent plus de surface au contact de l'air; 2°. que la température de huit à dix degrés au thermomètre de Réaumur est la plus favorable à cette séparation.

Comme l'abondance et la qualité de la crême dépendent presque uniquement de celles du beurre, qui forme la presque totalité de sa composition, je crois devoir renvoyer à l'article suivant tout ce que j'ai à dire encore à ce sujet.

ARTICLE II.

Du beurre.

J'ai déjà fait observer que les principes constituans du lait étaient retenus dans ce liquide par une très-faible combinaison. Le seul repos suffit pour séparer en quelques heures le beurre qui y est contenu, et cette substance, très-divisée dans le lait, s'élève à la surface, sans que le rapprochement des molécules opère encore la formation d'un corps solide; il faut, pour ramener le beurre à cet état solide, le dégager de tous les autres principes qu'il a entraînés avec lui; c'est ce qui s'exécute par le moyen du *battage* ou de la percussion.

Il est bien prouvé que la proportion du beurre est d'autant plus considérable que le lait qu'on extrait d'une femelle est plus vieux : ainsi celui d'une vache qui vient de vêler commence par donner trois gros de beurre par livre de lait, et en fournit cinq à six au bout de six mois.

Il est encore connu que si on enlève la crême à mesure qu'elle se forme, le beurre qu'on extrait des premières couches est plus fin et plus délicat que celui qu'on retire des dernières.

Il paraît que le lait qui séjourne plus long-temps dans les mamelles fournit plus de beurre que celui qu'on extrait à mesure qu'il se forme. Ainsi le lait d'une vache qu'on ne trait qu'une fois par jour contient un sep-tième de beurre de plus.

Le lait de la même traite présente également des différences sensibles. Le premier tiré est le plus séreux, le dernier a plus de consistance et fournit plus de beurre.

Tous ces faits, constatés par l'expérience

présentent des applications infinies à la médecine et à l'économie rurale.

Le beurre ne se sépare pas de la crême avec la même facilité dans toutes les saisons et à toutes les températures : pendant l'hiver, il faut prolonger le battage pendant longtemps, et on n'en abrège la durée qu'en enveloppant la baratte d'un linge chaud ou en la plongeant dans de l'eau tiède ; on peut encore verser du lait chaud sur la crême ; mais tous ces moyens altèrent la finesse et les bonnes qualités du beurre. Pendant les fortes chaleurs d'été, il faut déposer les vases qui contiennent la crême dans un lieu frais, et avoir l'attention de ne la battre qu'aux heures du jour où la température est la moins chaude ; dans quelques pays, on plonge la baratte dans de l'eau très-fraîche, afin d'obtenir un meilleur résultat.

Le beurre provenant de quelques contrées dont ce produit est très-estimé, présente une couleur jaunâtre, et c'est pour tromper le consommateur qu'on cherche ailleurs à lui donner cette teinte. On emploie à cet effet la fleur de souci, dont on remplit des pots de grès, et qu'on y laisse macérer pendant quelques mois : il en résulte un suc épais qu'on passe à travers un linge et que l'on conserve pour l'usage. On emploie encore à cet usage les fleurs de safran, le roucou bouilli dans l'eau, le suc de la carotte jaune, etc. Quelle que soit la matière colorante dont on se serve, on la délaie dans la crême avant le battage, et la quantité qu'on emploie est si petite, qu'elle ne peut influer en aucune manière sur la qualité du beurre.

Le lait de toutes les femelles qu'on a pu soumettre à l'expérience contient les mêmes principes, et on n'y trouve de différence que dans la proportion, la consistance et la qualité des produits.

Le lait de vache est celui de tous dont on sépare les principes avec le plus de facilité; c'est aussi celui dont on fait le plus d'usage pour la fabrication des produits.

Le lait de brebis fournit une grande quantité de beurre, mais il n'a jamais la consistance du lait de vache; il est gras et rancit promptement lorsqu'il n'a pas été soigneusement lavé; il entre en fusion pus facilement.

La matière caséeuse conserve toujours un état visqueux ; on rapproche difficilement ce lait en caillé ; sa saveur est douce et agréable.

Le lait de chèvre a plus de consistance que celui de vache ; on le distingue par une odeur et une saveur particulières, sur-tout lorsque la femelle entre en chaleur. La crême que fournit ce lait est toujours fort épaisse, et le beurre qu'on en extrait a une blancheur constante. On peut le conserver plus long-temps que les autres sans altération. Ce lait est avec celui de brebis le plus riche en matière caséeuse ; il est plus pauvre en beurre que celui des vaches et des brebis. La consistance un peu visqueuse de la matière caséeuse et sa saveur contribuent beaucoup à le rendre propre à la fabrication d'excellens fromages.

Il n'est pas une espèce de lait dont les produits comparés diffèrent plus que ceux du lait de femme ; ce lait varie non-seulement dans la comparaison qu'on a faite de ceux qui proviennent de plusieurs femmes, mais on s'est encore convaincu que celui de la même nourrice présente rarement les mêmes résultats lorsqu'on l'analyse à des heures différentes : ces différences ont été constatées par les expériences de MM. Deyeux et Parmentier. Ce lait se recouvre constamment comme les autres d'une couche de crême, mais souvent le battage le plus prolongé ne peut pas en séparer le beurre au point de le solidifier.

Des expériences répétées ont fourni la preuve que plus ce lait s'éloignait du temps de l'accouchement, plus il contenait de matière caséeuse, et que cette matière était si faiblement dissoute, qu'à une température de seize degrés de Réaumur, elle se sépare d'elle-même en molécules extrêmement ténues. La matière caséeuse a toujours de la viscosité, et n'est jamais sèche et tremblante comme le caillé de vache.

On ne peut qu'attribuer aux passions de l'âme, aux agitations nerveuses et aux changemens fréquens de nourriture les variations étonnantes qu'on observe dans le lait des femmes. L'action des deux premiers agens est la plus puissante de toutes ; et comme elle ne s'exerce puissamment et fréquemment que sur l'espèce humaine, il n'est pas étonnant qu'elle influe si fortement sur le lait des femmes. Ces observations méritent une grande attention pour tout ce qui intéresse l'allaitement des enfans.

Le lait d'ânesse a beaucoup d'analogie avec celui de femme ; il donne, par le repos, une crême qui n'est jamais ni épaisse ni abondante; on en extrait avec assez de difficulté un beurre mou, fade, blanc et qui rancit aisément.

Les laits d'ânesse et de femme donnent infiniment moins de matière caséeuse que ceux de vache, de chèvre et de brebis. Cette matière caséeuse est très-peu adhérente au *serum* et est plus visqueuse. L'analogie entre le lait de femme et celui d'ânesse a fait adopter l'usage de ce dernier pour tous les cas où il convient d'employer des alimens doux. Le lait d'ânesse a de l'avantage sur celui de femme, en ce qu'il ne présente pas les mêmes variations dans ses produits et conséquemment dans ses effets.

La fluidité du lait de jument est moindre

que celle du lait de femme et d'ânesse ; sa saveur paraît moins sucrée. Ce lait fournit de la crême par le repos, mais on en extrait difficilement le beurre ; la partie caséeuse y est peu abondante, et tous ses produits ont de l'analogie avec ceux des deux dernières espèces de lait que je viens d'examiner.

On voit par ce qui précède que les laits des animaux ruminans ont entre eux une grande analogie, et qu'ils se distinguent des autres par des caractères particuliers : tous contiennent les mêmes principes, mais ces principes varient par la proportion, les quantités, la consistance et la saveur.

Ces différences reconnues dans les laits influent beaucoup sur la qualité des produits qu'on en retire, de sorte qu'en mêlant avec intelligence les diverses espèces de lait, on peut corriger les défauts de l'un par les qualités de l'autre, et obtenir ainsi des produits plus précieux.

Par le battage de la crême, on réunit en une seule masse les molécules de beurre qui étaient en dissolution dans le lait et qui sont beaucoup plus rapprochées dans la crême ;

mais il y existe encore un peu de lait qui en mouille les surfaces et l'intérieur, et qui en opérerait bientôt l'altération. Pour éviter cet inconvénient on *délaite* le beurre.

Lorsque le beurre provient d'une crême fraîche et qu'on n'a pas l'intention de le conserver, on se borne à le comprimer et à le pétrir un peu dans les mains pour exprimer la plus grande partie du lait qu'il retient, il conserve alors la saveur douce et agréable de la crême ; mais lorsqu'on désire le conserver long-temps et prévenir toute altération, il faut le pétrir, le malaxer dans l'eau fraîche jusqu'à ce que ce liquide n'entraîne plus rien.

Toutes les opérations, depuis la fabrication de la crême jusqu'au délaitage du beurre, doivent être suivies sans retard ; car le lait qu'on exprime du beurre qui provient d'une crême qui a séjourné trop long-temps sur le lait ou dans la baratte, a déjà contracté une odeur vineuse.

Le beurre s'altère avec une grande facilité et acquiert un goût fort et désagréable. C'est dans cet état qu'on l'appelle *beurre rance.*

On préserve le beurre de la rancidité sans pourtant lui conserver les qualités du beurre frais, en le pétrissant et le lavant avec le plus grand soin; car il est reconnu que moins on met d'exactitude à le bien délaiter, plus tôt il s'altère.

Pour prévenir la rancidité du beurre et pouvoir le consommer long-temps après qu'il est fabriqué, on est dans l'usage de le placer dans un lieu frais, ou de le tenir sous de l'eau fraîche qu'on renouvelle de temps en temps; on peut encore le fondre à une très-faible chaleur, et le laisser quelque temps en fusion pour faire évaporer le peu d'eau qu'il contient. J'ai déjà parlé de la manière de saler le beurre, ce qui est le plus sûr moyen de conservation. (*Voyez* chap. X.)

Il paraît que la rancidité du beurre provient de la combinaison de l'oxigène qui est en contact avec cette substance; le beurre en absorbe plus du quart de son volume, et il contracte de suite un goût rance. Ces faits résultent des expériences de MM. Parmentier et Deyeux.

ARTICLE III.

De la matière caséeuse.

Lorsque le lait est écrémé, si on le chauffe, même à un degré de chaleur qui soit au-dessous de l'ébullition, il se forme des pellicules à la surface qui prennent peu-à-peu de la consistance, et qu'on peut enlever alors aisément. En continuant la chaleur, il s'en forme constamment de nouvelles, et il arrive un moment où le lait n'en fournit plus : on peut en cet état faire bouillir le lait sans éprouver ces boursoufflemens qui rendent l'ébullition de ce liquide si tumultueuse, si difficile à réprimer; mais alors il n'y a plus ni beurre, ni matière caséeuse. On a séparé le beurre en enlevant la crême, les pellicules qu'on a formées par la chaleur sont la partie caséeuse elle-même; ce qui reste après ces deux opérations n'est plus que le petit-lait ou le *serum*, tenant en dissolution des sels connus.

J'ai déjà fait remarquer que ces pellicules ne se forment que par le contact de l'air; on peut en accélérer la production en faisant passer un courant d'air sur la surface du lait; elles n'ont pas lieu lorsqu'on fait bouillir dans des bouteilles bien bouchées.

On peut encore séparer la matière caséeuse du lait écrémé en l'exposant à une chaleur douce; mais alors elle se prend en une masse molle et tremblante qu'on appelle *caillé* : deux à trois jours d'exposition à une chaleur de dix-huit à vingt degrés de Réaumur suffisent pour produire ce résultat.

Comme la matière caséeuse est faiblement adhérente au *serum* et aux sels qui y sont en dissolution, on peut la séparer par le moyen d'un grand nombre de corps de nature très-différente. C'est à l'action de plusieurs d'entre eux qu'on a recours pour faire coaguler le lait.

Les acides de toute espèce opèrent promptement la coagulation du lait écrémé; elle a lieu plus ou moins vite selon la force des acides : mais si on les emploie à forte dose, le petit-lait et la matière caséeuse en conservent la saveur, ce qui nuit à leur qualité.

Les sels avec excès d'acide, tels que la crême de tartre, le sel d'oseille, produisent le même effet; mais la coagulation n'est complète qu'autant que le lait est presque bouillant lorsqu'on y jette ces sels.

Les sulfates coagulent le lait avec une promptitude singulière; leur action est beaucoup plus énergique sur le lait bouillant.

La gomme arabique en poudre, l'amidon, le sucre, etc., bouillis avec le lait, séparent le caillé en quelques minutes.

L'alcool précipite très-promptement la matière caséeuse sous la forme de molécules divisées, qui se déposent dans le fond des vases.

Les plantes éminemment acides et les fleurs de quelques végétaux, telles que celles de l'artichaut et du chardon, caillent le lait. On en emploie ordinairement l'infusion à l'eau froide; leur vertu est très-puissante sur le lait chaud.

Mais la substance qui est le plus généralement employée, c'est la portion de lait caillé qu'on trouve dans l'estomac des jeunes veaux qu'on égorge avant qu'ils soient sevrés. L'usage qu'on fait de cette substance lui a fait donner le nom de *présure*.

Pour préparer la présure, on ouvre la membrane de l'estomac du jeune animal, on en détache les grumeaux, qu'on lave à l'eau froide et qu'on essuie avec un linge ; on les sale et on les remet dans la membrane d'où on les a extraits ; on suspend cette poche dans un lieu sec, pour faire sécher la présure et pouvoir s'en servir ensuite.

Lorsqu'on veut employer la présure, on en délaie un peu dans du lait et on verse le tout sur la masse qu'on veut faire cailler.

La quantité de présure qu'il faut employer varie selon l'état du lait et la température de l'atmosphère. Du lait gras, épais, et qu'on n'a pas écrémé, en exige une plus forte dose que celui qui est séreux, ou dont on a extrait le beurre. Pendant l'hiver, on est souvent obligé d'exposer le lait à une douce chaleur, pour le faire cailler.

Dès que le lait est caillé, on l'abandonne au repos dans un lieu frais, pour quelque temps, afin que le caillé prenne plus de consistance, que toutes les molécules se réunissent en une masse, et que le *serum* ou le petit-lait s'écoule.

On enlève alors le caillé avec une cuiller percée de trous, et on le porte dans des éclisses d'osier, à travers lesquelles le petit-lait s'échappe librement.

Dès que le caillé a pris de la consistance, on le verse dans de nouvelles éclisses de poterie, percées de petits trous dans le fond : là, le petit-lait continue à s'égoutter, et le caillé prend de plus en plus de la consistance.

Depuis sa formation jusqu'à l'état de consistance où il est parvenu par l'action de l'air, et sur-tout par la soustraction du petit-lait, le caillé forme une nourriture aussi saine que variée, et qui est d'une grande ressource dans les campagnes.

Mais ces diverses préparations ne peuvent pas se conserver long-temps ; il a fallu trouver le moyen de les préserver de toute altération ou de modérer et de maîtriser la décomposition, de telle manière qu'on pût varier presqu'à l'infini l'aliment que fournit la matière caséeuse et en prolonger la durée : c'est ce qu'on a obtenu par la fabrication des fromages.

L'existence du petit-lait dans le caillé contribue très-puissamment à hâter sa décomposition putride : nous verrons incessamment que, pour la prévenir ou la retarder, il n'est qu'un moyen, celui d'extraire ce liquide par des moyens mécaniques.

Les fromages qui se conservent le plus long-temps sont ceux qui ont été le mieux desséchés. Pour parvenir à ce but, on pétrit avec soin le caillé; on accélère même la dessication de quelques fromages par la chaleur ou à l'aide d'une compression très-forte.

On peut prolonger la durée des fromages blancs en les imprégnant de sel: ainsi lorsque le caillé a acquis la consistance requise, on en ratisse la surface et on la recouvre avec du sel broyé; le lendemain, on retourne le fromage, et on fait la même opération sur l'autre surface. On répète la salaison jusqu'à ce que toutes les parties soient imprégnées de sel : alors on place les fromages sur une couche de paille de seigle; on les retourne de temps en temps; on renouvelle la paille le plus fréquemment qu'on peut; on lave les planches; on entretient la plus grande propreté dans l'atelier où se fait l'opération. La surface de ces fromages perd son blanc mat, le volume diminue; il se forme une couche à l'extérieur, qui a plus de consistance que le centre et une saveur plus piquante et moins agréable.

Lorsqu'on précipite la matière caséeuse du lait non écrémé, le mélange de la crême avec cette matière forme des fromages qui n'ont point la sécheresse de ceux qui ne contiennent que la partie caséeuse : la saveur en est plus douce et le goût plus moëlleux.

Indépendamment des modifications qu'apporte à la qualité des fromages l'addition ou la suppression de la crême, le mélange de diverses espèces de lait en produit de très-grandes. J'ai déjà fait observer que la matière caséeuse des laits de brebis et de chèvre était plus molle et presque visqueuse : aussi les fromages qu'on prépare avec ce lait sont-ils plus moëlleux et d'une saveur plus agréable.

Le mélange du lait de vache avec celui de brebis ou de chèvre fournit les fromages les plus renommés.

Je vais jeter un coup d'œil rapide sur les procédés les plus usités pour fabriquer les fromages.

Lorsqu'on a dépouillé le caillé de sa séro-

sisté, en se bornant à le faire égoutter dans des éclisses ou sur de la paille, il se produit différens degrés de décomposition, qui, à diverses époques, fournissent des alimens très-variés.

Ces fromages blancs s'affaissent d'abord sur eux-mêmes; la surface se recouvre d'une croûte; l'intérieur conserve plus de mollesse : au bout de quelque temps, la fermentation s'établit, il s'en exhale une odeur qui devient âcre de plus en plus, de même que la saveur. On saisit dans cette marche de la décomposition les momens les plus favorables pour livrer ce fromage à la consommation.

Lorsqu'on emploie du lait de vache et qu'on l'a écrémé, le fromage est toujours sec; mais si on caille le lait avant que la crême se degage, le caillé qui se forme contient la matière caséeuse et tous les principes de la crême : en le traitant par les procédés ordinaires on obtient un fromage blanc qui ne tarde pas à changer de consistance; l'intérieur se ramollit et prend la forme et presque tous les caractères de la crême. Dans cet état, le fromage est délicieux au goût; plus tard il s'opère une décomposition putride qui en altère la qualité.

On appelle improprement *fromage* une préparation très-délicate et fort recherchée qui se fait avec la crême fraîche, dont on arrête le battage au moment où elle a acquis une sorte de consistance, sans que le beurre en soit encore séparé.

Tous les fromages ne sont pas susceptibles d'être gardés long-temps.

Mais lorsqu'on exprime fortement le caillé pour en extraire soigneusement tout le petit-lait, et qu'on le sale avec soin, on peut fabriquer des fromages qui aient beaucoup plus de durée : à cet effet, dès que le caillé est bien formé, on le divise avec une lame de bois, on le pétrit et on le presse avec les mains ; lorsque toutes les parties ont été bien divisées, on le met à égoutter.

Dès que le petit-lait cesse de couler, on le pétrit de nouveau, on le soumet ensuite sous la pression d'un poids considérable, qui en exprime tout le liquide qu'on peut en extraire.

Lorsque le caillé a été ramené par ces opérations à un degré de siccité convenable, on procède à sa salaison. Pour cet effet, on pétrit encore avec soin ce caillé, on le divise ensuite par morceaux, dans chacun desquels on incorpore le sel à la main : on en remplit peu-à-peu un moule ou une forme percée de trous ; on recouvre la forme d'une toile, sur laquelle on place des poids, pour presser le fromage, faire pénétrer le sel et exprimer les dernières portions du petit-lait.

Le petit-lait qui se dégage dans cette dernière opération est fortement salé, et on le conserve pour en humecter les fromages, lorsque, par les progrès de leur décomposition, ils deviennent trop secs.

Le caillé reste sous la presse pendant quelques jours ; on le retourne de temps en temps, pour que le sel en pénètre mieux toutes les parties et que le petit-lait s'écoule plus parfaitement.

En retirant les fromages de dessous la presse, on les porte dans un lieu frais et d'une température constante, à l'abri des insectes et de la lumière, et là on leur donne de nouvelles préparations, qui terminent leur fabrication.

Ici, les procédés varient beaucoup selon les localités. Les uns retournent les fromages tous les jours, et en humectent la surface avec le petit-lait salé, à mesure qu'elle se dessèche. Dès qu'ils sont recouverts de mousse, on l'enlève et on râcle fortement la croûte avec la lame d'un couteau ; d'autres râclent et enlèvent la croûte des fromages tous les cinq à six jours ; ils séparent, par ce moyen, la partie la plus avancée dans sa décomposition et la vendent à vil prix pour servir d'aliment au peuple. Dès qu'on a enlevé cette croûte, on imprègne de sel toutes les surfaces, en le faisant pénétrer par l'effort de la main, et on reporte les fromages à la cave : on répète cette opération jusqu'à ce que le fromage soit fait.

Si pour mieux dessécher le caillé, on ajoute à l'effort de la compression l'effet du feu, on obtient des fromages plus fermes et plus durables et de qualités bien différentes.

Pour fabriquer cette sorte de fromage, on coule le lait dans une chaudière, qu'on expose à un feu modéré, et on y délaie avec soin et par l'agitation la quantité de présure nécessaire. Dès que le lait commence à se prendre, on retire la chaudière du feu, le caillé a bientôt acquis de la solidité : on sépare alors toute la partie du petit-lait qu'on peut extraire, on expose de nouveau la chaudière au feu, et l'on brasse, sans discontinuer, le caillé avec les mains et des moussoirs ; la cuite et l'évaporation sont continuées jusqu'à ce que les grumeaux qui nagent dans le petit-lait qui s'est exprimé aient acquis de la consistance, résistent à la pression du doigt et présentent une couleur jaunâtre : et l'on retire alors le chaudron de dessus le feu, on continue à remuer et à exprimer le *serum*; on porte ensuite les grumeaux rapprochés dans des moules, pour les soumettre à une forte pression et les dépouiller de toute leur sérosité.

Dès que ces premières opérations sont terminées, on pétrit de nouveau ce caillé pour lui donner les différentes formes et le volume sous lesquels ces fromages sont connus dans le commerce. On les sale tous les jours en frottant les surfaces avec du sel broyé, et on les retourne chaque fois. La salaison n'est terminée que lorsque les surfaces présentent une humidité surabondante qui annonce que le fromage est saturé de sel : on place ensuite ces fromages dans un lieu frais et à l'abri de la lumière.

Ces fromages sont en général durs et secs ; ils se conservent long-temps, ce qui tient en partie à leur préparation, et sur-tout à la nature de la matière caséeuse du lait de vache avec laquelle on les fabrique.

Il n'est pas d'aliment en usage pour la nourriture de l'homme qui présente plus de variétés que ne font les fromages : cela tient à bien des circonstances dont nous pouvons assigner les principales.

Le lait qu'on extrait des femelles de genres différens n'est pas de la même qualité et présente des différences notables dans la nature du beurre et de la matière caséeuse qu'il fournit, d'où il suit que les préparations qu'on en fait ne peuvent pas avoir les mêmes qualités : les fromages de chèvre et de brebis sont plus mous et plus agréables que ceux de vache.

Le lait produit par les femelles d'une même

espèce varie encore selon la santé, la nourriture, la saison, l'époque du vêlage, etc.; ce qui donne lieu à des modifications infinies dans les produits.

Le mélange des laits provenant de plusieurs traites exécutées à plusieurs jours d'intervalle, la qualité et la proportion de la présure qu'on emploie, les degrés de température et l'état du ciel orageux ou serein, la propreté des vases et de l'atelier, les soins apportés à exprimer plus ou moins le petit-lait du caillé, la manière de saler et le choix du sel le plus propre à la salaison, la conduite à tenir pour bien diriger la fermentation, le volume des fromages sur lesquels on opère; tout cela influe sur la qualité des produits; et quels que soient les soins qu'on apporte à la fabrication, il est bien difficile d'obtenir constamment les mêmes résultats. C'est ce qui fait qu'il est rare d'avoir deux fromages de même nature absolument comparables sous tous les rapports.

L'usage où l'on est dans plusieurs contrées d'écrémer le lait et de n'employer que la seule

matière caséeuse pour la fabrication des fromages, donne à ces produits un caractère
particulier : ils sont secs, très-propres à être
conservés, et peuvent être fabriqués en plus
gros volumes.

En mêlant le lait de chèvre ou de brebis
avec celui de vache, on fait des fromages très-
supérieurs à ceux qu'on obtiendrait en traitant
le lait de vache seul. C'est par ce mélange
qu'on fabrique en France les deux meilleurs de
nos produits en ce genre, le fromage de Roquefort et celui de Sassenage. Si le premier a
quelque avantage sur le second, cela me paraît
dû à la disposition des caves où on le prépare : ces caves sont adossées contre un rocher
qui présente des fentes ou crevasses, par où
s'échappe un courant rapide d'air qui entretient constamment leur température à deux
degrés au-dessus du terme de la glace (*); la

____

(*). Dans le mois de juillet 1784, mon thermomètre
marquant vingt-deux degrés à la température de l'air
extérieur, descendit à 2 + o dans les caves, et s'y main-
tint.

fermentation est lente et peut être dirigée et maîtrisée à volonté.

Les fromages de lait pur de chèvre ou de brebis sont encore plus délicats que ceux dans lesquels ont fait entrer le lait de vache, mais il est difficile de les garder long-temps; on les fabrique en petit volume, et on les consomme du moment qu'ils ont atteint leur perfection.

On fait beaucoup de fromages en France; mais, à l'exception de cinq ou six lieux, cette fabrication est peu soignée, et la consommation se borne à la localité. D'ailleurs, aucun de nos fromages n'est susceptible d'être conservé long-temps.

L'importation des fromages étrangers est très-considérable. Il est à désirer qu'il se forme de grands établissemens en France, dans lesquels on recevrait le produit du laitage des particuliers voisins pour lui donner les manipulations convenables : c'est ainsi que s'approvisionnent déjà les fabricans de Roquefort, en achetant les fromages blancs sur les montagnes du Larzac.

Les essais fructueux qu'on a faits sur plusieurs points de la France pour imiter les fromages de Hollande, de Suisse et d'Italie, né laissent plus aucun doute sur la possibilité d'introduire chez nous ces précieuses branches de l'industrie agricole.

CHAPITRE XII.

DE LA FERMENTATION.

Tous les produits de la végétation se décomposent dès qu'ils sont parvenus à maturité ou qu'on les a détachés de la plante. L'air, l'eau et la chaleur, qui ont presque seuls contribué à leur formation, deviennent alors les principaux agens des altérations qu'ils éprouvent.

Les phénomènes et les nouveaux produits qui résultent de la décomposition des corps varient suivant la nature de leurs principes constituans.

En général, toutes les substances végétales se pourrissent lorsqu'on les abandonne à une décomposition spontanée; mais lorsque, par l'expression des fruits, on mêle des principes qui étaient séparés, il en résulte d'autres produits. Le raisin pourrit sur le cep, tandis que le suc qu'on en extrait éprouve la fermentation alcoolique.

L'art est parvenu depuis long-temps à produire, à exciter, à retarder, à modifier la fermentation, et à composer des boissons et des alimens nouveaux pour l'homme et les animaux.

Dans les produits du végétal, tous les principes sont dans un état de combinaison et saturés l'un par l'autre; tant que la plante vit, les forces organiques dominent l'influence des agens extérieurs, et maintiennent dans leurs proportions naturelles les élémens qui entrent dans la composition des produits.

Du moment que la plante est morte ou que le fruit est mûr, il s'établit un autre ordre de phénomènes : alors les parties du végétal n'étant plus sous l'empire de la vitalité, deviennent plus dépendantes de l'action des agens extérieurs; l'influence de l'air, de l'eau et de la chaleur, s'exerce sur elles d'une manière presque absolue; l'oxigène s'empare du carbone, et rompt les proportions entre les principes constituans; l'eau produit le même effet en dissolvant une partie des substances; et la chaleur, en écartant les molécules, affaiblit l'union des parties et facilite l'action des autres agens.

Le suc du raisin foulé dans le vide ne fermente point, d'après l'expérience de M. Gay-Lussac; mais du moment qu'il a le contact de l'air, la fermentation se développe et parcourt ensuite ses périodes sans le secours de l'air.

Presque tous les procédés proposés jusqu'à ce jour pour préserver de la décomposition les substances végétales et animales, ne tendent qu'à les garantir de l'action destructive de l'air, de l'eau et de la chaleur, comme je l'ai déjà prouvé.

Du moment que l'air ou tout autre agent extérieur ont enlevé au végétal une faible partie de l'un des élémens qui entrent dans sa composition, le corps est imparfait, les proportions entre les principes ne sont plus ce qu'elles doivent être, et la décomposition ne peut plus s'arrêter. Il se forme alors de nouveaux produits par la combinaison des élémens du végétal entre eux ou avec ceux des corps étrangers qui agissent sur eux.

Lorsqu'on désorganise un corps mort en mêlant tous ses principes, la décomposition s'opère plus tôt et plus promptement, parce que la cohésion et l'affinité entre les parties sont affaiblies, et que les divers agens peuvent exercer sur elles une action plus facile.

Toutes les fois que l'homme veut approprier à ses besoins les résultats d'une fermentation, il est nécessaire qu'il y intervienne pour la diriger : la plupart des fruits contiennent tous les élémens convenables pour éprouver une fermentation alcoolique; mais ces élémens y sont séparés, et il faut les mêler et les confondre, par l'expression du fruit, pour opérer cette fermentation. Les feuilles et le tissu ligneux sont susceptibles de la décomposition putride, mais il faut les réunir en masse et les imbiber d'eau pour les décomposer.

Pour que les sucs fermentent d'une manière prompte, il est nécessaire d'en former des volumes convenables et de les exposer à un degré de chaleur déterminé; sans ces précautions, il y a décomposition, mais très-souvent sans résultat utile.

La fermentation alcoolique est la plus intéressante de toutes, par l'utilité de ses produits; c'est pour cette raison que je m'en occuperai spécialement.

La fermentation alcoolique n'a lieu qu'autant qu'on réunit deux principes de nature très-différente, qui, agissant fortement l'un sur l'autre, se décomposent et donnent lieu à la formation de l'alcool.

Le premier de ces principes est la matière sucrée; le second est une substance très-analogue au gluten animal, qu'on trouve plus ou moins abondamment dans les graines des céréales et dans le suc de quelques fruits.

Les fruits dont le suc exprimé éprouve la fermentation alcoolique contiennent ces deux principes; ils y existent isolément; mais l'extraction du suc par la pression les mêle, et dès ce moment ils réagissent l'un sur l'autre et se décomposent.

Dans les raisins bien mûrs, ces deux principes sont dans de justes proportions pour produire de bons résultats par la fermentation; mais dans les céréales qu'on fait également ment fermenter pour fabriquer des boissons spiritueuses, le principe sucré est mis à nu lorsqu'on fait germer ce grain avant de le soumettre à la fermentation (*).

Quelques-unes des substances qui sont susceptibles de donner de l'alcool par la fermentation, exigent l'addition d'une matière étrangère, pour que le mouvement fermentatif se développe et parcoure régulièrement ses périodes ; cette matière étrangère est ce qu'on appelle *levain*, *ferment* ou *levure*.

Le levain est presque toujours une substance qui a commencé à fermenter, et qui contient en plus ou moins grande quantité du principe végéto-animal. On emploie à cet effet, ou les écumes qui s'élèvent à la surface des liquides qui sont en fermentation, ou la pâte de la farine de froment, seigle ou orge, fermentée.

(*) Dans la germination, l'oxigène qui agit seul enlève du carbone et fait passer le grain à l'état de corps sucré. Cependant la fermentation des céréales, sans germination préalable, produit à-peu-près les mêmes résultats à la distillation, attendu que le premier effet de la fermentation est d'enlever du carbone, ce qui supplée à la germination.

Ces levains, délayés dans les liquides qui contiennent du sucre, continuent leur fermentation et impriment le mouvement à toute la masse.

Lorsque, par l'ébullition et la concentration du moût de raisin qu'on réduit à l'état d'*extrait*, on a désorganisé le principe végéto-animal, le résidu délayé dans l'eau n'est plus susceptible de subir la fermentation spiritueuse, mais on la rétablit à l'aide d'un ferment étranger.

Pour que la fermentation parcoure ses périodes avec régularité, et donne des résultats ou des produits qui soient à l'abri de toute décomposition spontanée et ultérieure, il faut que le sucre et le ferment se. trouvent dans des proportions convenables : si la proportion du sucre est trop forte, il ne pourra pas être décomposé en entier, et la liqueur fermentée conservera le goût sucré; si, au contraire, le ferment prédomine, une partie restera sans décomposition dans la masse, et alors la fermentation changera de nature, et deviendra, avec le temps, acide ou putride, selon l'espèce de corps sur lequel elle s'exerce.

Généralement en France, lorsque le raisin parvient à maturité, le sucre s'y trouve dans des proportions convenables avec le principe végéto-animal, pour subir une fermentation régulière et parfaite; mais lorsque la saison est humide ou froide, la partie sucrée est peu abondante, le mucilage prédomine et le produit de la fermentation est peu spiritueux. Dans ce cas, le peu d'alcool qui a été développé ne suffit pas pour préserver le vin d'une décomposition spontanée, et, au retour des chaleurs, il s'établit une autre fermentation qui décompose la liqueur et produit du vinaigre.

On peut obvier à ce mauvais résultat en réparant, par le moyen de l'art, la composition imparfaite du moût; il ne s'agit que de lui donner la quantité de sucre qui lui manque et que la nature n'a pas pu produire.

Pour déterminer la quantité de sucre qu'il convient de mêler à du moût provenant de raisins qui n'ont pas parfaitement mûri, il suffit des indications suivantes.

Dans le midi de la France, le raisin parvient le plus ordinairement à un état de maturité parfaite, et dans ce cas la fermentation ne demande qu'à être bien conduite; les vins s'y conservent sans altération : mais dans le nord, quelque favorable que soit la saison, ce fruit n'est jamais complétement mûr. J'ai constamment observé que, dans le midi, le vin qui a bien fermenté marque, au pèse-liqueur, quelques fractions de degré au-dessous de la pesanteur spécifique de l'eau, tandis que, dans le nord de la France, les vins nouveaux font rarement descendre le pèse-liqueur au même degré.

Une autre observation importante, qui peut nous guider pour connaître la quantité de sucre qu'il convient d'employer chaque année, c'est de déterminer le degré de concentration du moût, qui varie à chaque récolte. Le pèse-liqueur m'a indiqué souvent une différence de deux à quatre degrés de concentration dans le moût provenant du même vignoble, selon que la maturité du raisin avait été plus ou moins avancée : le moût pèse d'autant plus qu'il provient de raisins plus mûrs. Dans la Touraine et sur les bords du Cher et de la Loire, la pesanteur du moût varie depuis huit degrés et demi jusqu'à onze : je l'ai observé dans le midi entre dix et seize degrés.

Ainsi, lorsqu'on a déterminé une fois le
degré de la pesanteur spécifique du moût
provenant du raisin qui est parvenu à sa plus
grande maturité, il suffit de le porter à ce
degré, par l'addition du sucre, dans les années où la maturité est moindre.

En 1817, le raisin de Touraine n'avait pas
mûri; le moût de ma vendange, qui marque
onze degrés dans les bonnes années, n'était
qu'à neuf, je le portai à onze en y ajoutant
du sucre. Je couvris la cuve avec des planches
et des couvertures de laine, et je laissai fermenter. Le vin se trouva très-dépouillé au
sortir de la cuve, il avait presque autant de
force que celui du midi, tandis que ceux qui
avaient cuvé sans addition de sucre étaient
plats et épais, comme sont constamment les
gros vins rouges de ces vignobles : ces derniers se vendirent cinquante francs la pièce,
et j'ai refusé quatre-vingt-quatre francs du
mien, ayant préféré le conserver pour ma
table. Ce vin sortant de la cuve était aussi
dépouillé que ceux du même crû qui ont

quatre années de futaille, et il était beaucoup plus généreux et plus agréable au goût : vingt pièces de vin préparées de cette manière ont employé cinquante kilogrammes de sucre.

A mesure qu'on foule le raisin et qu'on remplit la cuve, on met du moût dans un chaudron placé sur le feu ; on porte ce moût à une chaleur suffisante pour dissoudre le sucre, et dès qu'il est dissous on verse la dissolution dans la cuve, en agitant la masse de liquide avec soin : on renouvelle cette opération jusqu'à ce qu'on ait employé tout le sucre qu'on destine à cet usage : Lorsque l'opération est terminée, on couvre la cuve et on laisse aller la fermentation.

Quelques auteurs conseillent de faire bouillir le moût et même de le réduire à moitié par une ébullition prolongée, je ne partage pas cette opinion : l'ébullition altère une partie du principe végéto-animal, qui se concrète par la chaleur ; je me borne à porter le moût à une température de trente-cinq ou quarante degrés.

Dans les pays du nord de la France, où le raisin ne mûrit jamais, on peut porter la concentration du moût, par le moyen du sucre, à un ou deux degrés de plus qu'il n'en a dans les meilleures années ; le vin en sera infiniment plus généreux et résistera mieux à la décomposition.

Cette méthode présente plusieurs avantages :

1°. En échauffant la cuve par le moyen du moût dans lequel on a dissous le sucre, on porte la température du liquide à douze ou quatorze degrés, et dès-lors la fermentation s'établit plus promptement.

2°. En couvrant la cuve, on met la vendange à l'abri des variations de température que peut éprouver l'atmosphère, lesquelles provoquent, retardent ou suspendent la fermentation.

3°. La chaleur qui se développe dans la cuve couverte est plus intense et la décomposition du moût plus parfaite.

4°. L'addition du sucre donne lieu à la formation d'une beaucoup plus grande quantité d'alcool.

5°. Le chapeau de la vendange aigrit beaucoup moins.

6°. Le vin est plus dépouillé et moins susceptible de s'altérer.

7°. La déperdition qu'éprouve l'alcool, dès qu'il est formé, est moins considérable que dans les cuves découvertes.

Comme la récolte du vin est, après celle du blé, la plus considérable de toutes, et qu'elle forme notre principal commerce avec l'étranger, on doit apporter les plus grands soins dans les procédés de vinification (*).

Dans plusieurs de nos vignobles, les propriétaires sont dans l'habitude de planter sur

(*) Le terme moyen du produit des vignobles en France, calculé sur les récoltes successives depuis 1805 jusqu'à 1809, a été d'environ trente-six millions d'hectolitres. Le recensement en a été fait par l'administration des impositions indirectes, qui perçoit des droits sur cette boisson, et on peut croire que cette évaluation s'éloigne peu de la vérité.

Depuis cette époque, les vignes nouvellement plantées qui donnaient peu à cette époque, produisent plus aujourd'hui; on n'a pas discontinué d'en planter de nouvelles, et je suis convaincu que notre vignoble a augmenté considérablement en produit. Il est donc plus que probable que la récolte des vins s'élève en ce moment à près de cinquante millions d'hectolitres. (On peut consulter mon *Traité sur l'industrie française.*)

le même sol et à côté les uns des autres des ceps
d'espèces différentes, dont les raisins ne par-
viennent pas à maturité dans le même temps :
cet usage s'est sur-tout établi dans les vignobles dont les vins sont de qualité médiocre ;
il a été introduit et il s'est propagé, parce que
les diverses espèces de plants ne fleurissant pas
dans le même temps, étant plus précoces les unes
que les autres, plus ou moins délicates, plus
ou moins sensibles à l'influence des variations
de l'atmosphère; il est rare, d'après cela, que
l'une ou l'autre ne produise point; mais ce
mélange dans la même vigne est généralement nuisible à la qualité du vin, attendu que
la maturité de ces divers raisins n'arrive pas
dans le même temps, et que néanmoins on
les vendange à-la-fois.

Les raisins de la même espèce ne mûrissent
pas non plus dans le même temps; la différence d'exposition, la vigueur végétative des
ceps avancent ou retardent la maturité de
plusieurs jours. En les cueillant tous à-la-fois
pour les soumettre à la même fermentation,
on obtient du vin très-inférieur à celui qu'on
aurait produit en triant les raisins, et en ne

les soumettant à la cuve que lorsqu'ils sont parvenus à maturité.

Dans la plupart des vignobles de la France, on commence à vendanger dès le grand matin et on continue tous les jours, jusqu'à ce que la récolte soit terminée. A mesure que le raisin arrive dans le cellier, on le foule et on le jette dans la cuve. Il est reconnu que le raisin cueilli avec la rosée ou la pluie fermente moins vite et moins bien que lorsqu'il est très-sec; il est constaté que le raisin fermente d'autant mieux et plus tôt, que la température de l'air est plus chaude pendant qu'on en fait la récolte.

Il conviendrait donc de ne cueillir le raisin que lorsque la rosée est dissipée et que le soleil l'a échauffé; mais dans les grands vignobles et à l'époque où se fait la vendange, il est difficile de réunir toutes ces circonstances favorables ; on ne peut les observer que lorsqu'il s'agit de vins délicats et précieux. Les gros vins rouges du centre de la France, tels que ceux des bords de la Loire et du Cher, ne sont recherchés dans le commerce qu'autant qu'ils sont très-foncés en couleur, attendu que leur principal usage est de servir à *couper* des vins blancs ; le commerce préfère même les vins nouveaux de cette espèce, parce qu'ils contiennent un principe mucilagineux qui donne au mélange une saveur plus délicate, et il rejette les vins qui se sont dépouillés de ce principe dans les futailles, parce que, quoique meilleurs comme boisson, ils sont moins propres à être mélanges avec les vins blancs secs.

Ainsi en améliorant la fermentation de ces gros vins, on les rendrait plus propres à servir de boisson sans mélange, mais on fermerait le seul débouché qu'ils aient aujourd'hui, puisqu'on ne les achète que pour former, en les mêlant avec les vins blancs de la Sologne, la principale boisson du peuple de Paris.

Dans quelques pays de vignobles on est dans l'habitude d'égrapper les raisins ; dans d'autres on fait fermenter le moût avec la grappe. Cela tient à la nature du raisin sur lequel on opère et à la destination qu'on veut donner au vin qui en provient. Dans le midi, on égrappe le raisin lorsque le vin est destiné pour la table, et on ne l'égrappe point lorsque les vins doivent être *brûlés* ou distillés.

M. Labadie, propriétaire très-éclairé, a observé que les raisins blancs de Champagne fournissent des vins plus spiritueux et moins sujets à graisser lorsqu'on ne les égrappe pas.

Don Gentil s'est convaincu par sa propre expérience que la fermentation marche avec plus de force et de régularité dans du moût mêlé avec la grappe, que dans celui qui en a été dépouillé.

La grappe porte avec elle un principe légèrement amer qui se communique au vin, et relève la saveur de ceux qui sont naturellement *plats*; elle facilite en même temps la fermentation.

D'après cela, on doit égrapper dans tous les cas où le moût peut, sans addition aucune, subir une bonne fermentation et produire de l'excellent vin; on ne doit pas égrapper toutes les fois qu'on opère sur un raisin qui ne donne ordinairement qu'un vin médiocre, pâteux, et qui n'est pas de *garde*. On peut encore ne pas égrapper lorsque le raisin est très-sucré et qu'on craint d'avoir pour résultat un vin trop doux.

Il est rare que la température du cellier dans lequel on fait fermenter la vendange soit au douzième degré du thermomètre de Réaumur, et que la chaleur de l'atmosphère et conséquemment celle du raisin marquent ce degré. Cependant le moût ne peut convenablement fermenter que lorsque la chaleur est à dix ou douze degrés, et on doit l'y porter si l'on veut obtenir de bons résultats.

On y parvient ou en chauffant le cellier avec des poëles et y laissant le raisin sans le fouler jusqu'à ce qu'il ait pris cette température, ou, ce qui est mieux encore, en chauffant des chaudronnées de moût qu'on verse successivement dans la cuve. La fermentation s'établit alors beaucoup plus vite, et elle est plus régulière et plus parfaite.

Dès que la vendange est dans la cuve, il convient de la recouvrir par des planches et de vieilles couvertures, ou, mieux encore, avec l'appareil vinificateur. En interceptant presque toute communication avec l'air extérieur, on prévient les variations de température nuisibles à la fermentation ; on empêche le chapeau de la vendange de s'aigrir, et l'on détermine un degré de chaleur constant pendant tout le temps de l'opération.

Lorsque la fermentation se ralentit, on peut brasser la vendange avec un rable : par ce moyen, on rabat dans la masse les écumes qui sont à la surface et qui forment un levain qui imprime un nouveau mouvement à la fermentation.

On a encore obtenu de bons résultats en tenant la rafle constamment immergée dans la vendange par le moyen de planches ou d'un filet.

Les anciens séparaient avec soin les divers sucs qu'on peut extraire du raisin et les faisaient fermenter séparément : le premier, qui coule par la plus légère pression et qui provient du raisin le plus mûr, fournissait le meilleur de leurs vins qu'ils appelaient *protopon*, *mustum sponte defluens antequam calcentur uvæ*. Baccius a décrit ce procédé, pratiqué par les Italiens; il s'exprime en ces termes : *Qui primus liquor, non calcatis uvis, defluit, vinum efficit virgineum, non inquinatum fæcibus ; lacrymam vocant Itali ; citò potui idoneum et valde utile.*

Lorsque le vin a suffisamment fermenté dans la cuve, on le met dans les tonneaux, où il éprouve encore un mouvement de *fermentation insensible* qui termine l'opération : là il se dépouille et se clarifie par le repos.

Dans les pays où le raisin parvient à une maturité parfaite, on peut conserver le vin dans la cuve où il a fermenté, sans craindre aucune altération ; c'est ce qui se pratique dans plusieurs cantons du midi. Lorsqu'on conserve le vin dans les cuves, il faut avoir l'attention de les recouvrir avec des planches et d'en mastiquer les joints par le plâtre pour que l'air ne puisse pas y pénétrer.

Le vin se fait mieux en grande masse que divisé dans des futailles.

Mais dans les pays où le raisin est moins sucré, et où, après la fermentation dans la cuve, le vin contient encore beaucoup de mucilage, si on tardait trop à décuver, la première fermentation serait bientôt suivie d'une seconde, qui produirait du vinaigre ; l'existence de l'alcool et du mucilage suffisent pour produire cette altération.

Les tonneaux qui reçoivent le vin sortant de la cuve doivent être placés dans un lieu frais, où la température soit constamment la même, et où ils soient à l'abri des secousses.

Lorsque la fermentation n'a pas été terminée dans la cuve, elle continue dans les tonneaux, et alors les principes contenus dans le moût qui ne sont pas susceptibles de concourir à la fermentation, se précipitent dans le fond ou se déposent sur les parois. Toutes les opérations qu'on exécute pour clarifier les vins sont fondées sur ce principe : le mucilage, le tartre et l'extractif qui étaient en dissolution dans le moût, ne sont plus qu'en suspension dans le vin bien fermenté, et se déposent peu-à-peu; le soufrage facilite la formation du dépôt, et le soutirage sépare ces matières de la liqueur. Le collage des vins a pour but de saisir et d'envelopper toutes les substances qui restent suspendues dans le liquide pour qu'on puisse les en extraire.

Toutes ces opérations tendent à purger le vin de tout ce qui lui est étranger et à prévenir toute altération : elles lui conservent

en même temps le goût et les qualités qui
lui sont propres.

Les vins rouges, en vieillissant, se dépouillent d'une partie de leur principe colorant;
et lorsque la fermentation a été parfaite et
que le vin est bien dépouillé, on peut avancer
leur décoloration en exposant les bouteilles
au soleil pendant quelques jours d'été: alors le
principe colorant se précipite en pellicules; le
vin prend une teinte *pelure d'oignon*, et il
n'est altéré que dans sa couleur; c'est ce que
j'ai observé bien des fois en opérant sur les
meilleurs vins du Languedoc.

Lorsqu'on dépose le vin dans des tonneaux
neufs, cette liqueur dissout une portion d'extractif et de tannin contenus dans le bois de
chêne; elle se colore et se décompose, sur-
tout si le vin n'est pas très-spiritueux. Le vin
prend alors ce qu'on appelle le *goût de fût*;
ce sont les mêmes principes qui colorent les
eaux-de-vie dans les futailles. Pour obvier à
cet inconvénient, il suffirait de charbonner la
surface de l'intérieur des tonneaux; le vin s'y
conserverait alors sans altération.

La dégénération la plus commune des vins

est celle qui les fait tourner à l'aigre, ou qui les convertit en vinaigre.

Cette altération n'aurait point lieu si les vins étaient complétement dépouillés de tout le mucilage et de tout l'extractif que le moût contenait; mais rarement la fermentation est assez complète pour dégager ces principes, et les rendre insolubles, sur-tout lorsque le raisin n'est pas très-mûr.

On peut retarder et même prévenir cette dégénération du vin, en le conservant dans des tonneaux bien bouchés, et dans un lieu qui soit à l'abri des changemens de température et des secousses, qui reportent continuellement dans la masse les matières qui se déposent.

L'acescence ou la dégénération acide n'a pas lieu dans le vin qui a la saveur douce, et où il existe encore un reste de principe sucré, qui ne le rend susceptible que de continuer la fermentation spiritueuse; mais lorsque ce principe est complétement décomposé, il suffit de la chaleur, du contact de l'air et de la présence d'un peu de mucilage pour produire l'acétification de la plupart des vins.

La dégénération acide s'opère principale-ment toutes les fois que le raisin ne contient pas assez de sucre pour décomposer toute la partie végéto-animale. Elle a lieu nécessaire-ment lorsqu'il reste dans le vin une portion de mucilage ou d'extractif en dissolution : ce qui arrive dans tous les cas où la petite quan-tité de sucre contenue dans le raisin n'a pas suffi pour développer beaucoup d'alcool, et précipiter ces substances.

Il résulte des expériences connues jusqu'à ce jour, qu'il suffit du contact de l'air et de l'existence du mucilage, de l'extractif et d'une faible quantité d'alcool dans le vin pour pro-duire spontanément l'acescence.

Stahl a observé que si on humectait avec de l'alcool des fleurs de rose ou de muguet, et qu'on agitât de temps en temps le vase dans lequel se faisait l'opération, on formait du vinaigre.

Le même chimiste nous apprend qu'en sa-turant l'acide de citron par la chaux, et ver-sant de l'alcool sur les autres parties du suc, il suffit d'exposer le mélange à une douce tem-pérature pour produire du vinaigre.

Le meilleur vin se convertit en vinaigre lorsqu'on y fait tremper ou digérer des bois verts. Le procédé décrit par Boerhaave est entièrement fondé sur ce principe. Il employait, à cet effet, les branches de vigne et les rafles de raisin.

Le marc du raisin, la lie des tonneaux et le résidu de la distillation, bien desséchés, et humectés ensuite avec un peu d'eau et d'alcool, éprouvent la fermentation acide.

Indépendamment du jus de raisin, on peut encore faire fermenter les sucs de presque tous les fruits, pour en former des boissons spiritueuses, ou pour les soumettre à la distillation et en extraire de l'alcool.

Depuis long-temps on livre à la fermentation les graines des céréales, sur-tout celles du seigle et de l'orge, et l'on en fabrique une liqueur qui, par la distillation, forme une des boissons les plus usitées dans les pays où la vigne n'est pas cultivée.

Depuis que la culture de la pomme de terre s'est prodigieusement étendue en Europe, on en a multiplié les usages, en la faisant fermenter, pour en retirer l'alcool par la distillation.

Le premier procédé qui a été suivi est encore en usage sur les rives du Rhin et dans plusieurs contrées d'Allemagne; le second est dû à la chimie moderne, qui a trouvé le moyen de convertir la fécule en une matière sucrée, susceptible de fermentation alcoolique.

Je décrirai succinctement l'un et l'autre de ces procédés, parce qu'ils se lient avantageusement à la prospérité d'une exploitation rurale, sous le double rapport de la liqueur qu'on extrait et de la nourriture qu'on prépare pour les animaux de la ferme avec les résidus ou les marcs.

L'ancien procédé se réduit aux opérations suivantes :

On place debout un tonneau de la capacité ou contenance de cinq hectolitres environ ; le fond supérieur est percé d'une porte carrée, par laquelle on introduit les pommes de terre. Une autre petite porte est pratiquée dans une des douves au niveau du fond inférieur ; elle sert à retirer les pommes de terre.

du tonneau. La pomme de terre est cuite au moyen de la vapeur d'eau : à cet effet, on fait pénétrer dans le tonneau le tuyau qui y conduit la vapeur par un trou pratiqué vers le fond.

Dès que les pommes de terre sont cuites, on les écrase aussi parfaitement qu'on peut entre deux cylindres de bois, garnis chacun, à l'une de leurs extrémités, d'une roue d'engrenage, et mis en mouvement au moyen d'une manivelle.

On porte la pulpe des pommes de terre dans un cuvier où doit s'en faire la fermentation.

Mais la fermentation alcoolique n'aurait point lieu si on ne l'excitait pas par l'addition d'un levain qui la développe; ce levain se compose de la manière suivante : on prend quatre livres de farine d'orge germée, une pinte de levure de bierre et environ vingt kilogrammes de pulpe de pommes de terre; on brasse avec soin pour délayer le tout dans trente à quarante litres d'eau chaude au quarantième degré de Réaumur, et l'on recouvre le baquet dans lequel se fait le mélange. Cette pâte fermente, elle se gonfle, et au bout de vingt-quatre heures, on la mêle avec la masse de pulpe qu'on a déposée dans le cuvier; on verse alors de l'eau chaude sur ces matières, en agitant continuellement, jusqu'à ce que la température du liquide marque quinze à dix-huit degrés au thermomètre de Réaumur, et que la pesanteur spécifique soit à six ou sept degrés au pèse-liqueur.

Il faut avoir le soin de n'opérer la fermentation que dans un lieu dont la température soit constamment à vingt ou vingt-cinq degrés, sans cela elle languit et n'est jamais complète. Lorsque les circonstances sont toutes favorables, la fermentation peut se terminer le troisième jour; mais le plus souvent elle se prolonge jusqu'au quatrième ou cinquième.

Le liquide fermenté ne doit plus marquer que de zéro à un degré au pèse-liqueur, si l'opération a été bien conduite; sa pesanteur spécifique est d'autant plus forte que la fermentation a été plus incomplète.

La fermentation ne doit pas être tumultueuse; il est reconnu que dans ce cas elle produit moins que lorsqu'elle est lente et régulière. Pendant qu'elle s'opère, tous les débris des pommes de terre sont portés à la surface et y forment une croûte que l'on perce vers le milieu pour laisser dégager les gaz.

Dans une fabrication courante, il n'est pas nécessaire de composer chaque fois le ferment; on peut conserver environ vingt-cinq pintes de celui qu'on a formé, pour l'employer à une seconde opération.

La distillation doit être conduite de manière que l'alcool coule également et uniformément; on n'obtient ce résultat qu'en conduisant le feu avec intelligence. Les variations qu'on apporte dans la chaleur qu'on applique à la chaudière accélèrent ou ralentissent la distillation, et dans ces deux cas l'alcool n'est pas au même degré : il arrive même souvent que, par un coup de feu forcé, le liquide de la chaudière passe en nature dans le serpentin.

Il est nécessaire d'avoir de l'eau en abondance dans une distillerie, soit pour laver les tonneaux qui doivent être soigneusement rincés après chaque opération, soit pour rafraîchir le serpentin, précaution nécessaire afin de ne pas laisser perdre, par l'évaporation, une portion plus ou moins considérable d'alcool.

L'opération faite sur quatre sacs de pommes de terre, ainsi que nous l'avons décrite, donne, terme moyen, cinquante litres d'eau-de-vie à vingt degrés : elle peut en fournir cinquante-cinq litres lorsque toutes les circonstances sont favorables.

Quand les vins sont chers et que les pommes de terre sont à bas prix, on trouve un très-grand avantage à les faire fermenter pour en retirer de l'eau-de-vie. Cette opération a présenté, en 1816, des bénéfices considérables : dans les temps ordinaires, elle peut encore être faite avec profit.

Les résultats de la distillation, mêlés avec de la bâle de grains et un peu de gâteau de colza ou de navette, sont une nourriture excellente pour les bœufs, qui la mangent avec avidité.

M. Kirchoff, de Saint-Pétersbourg, a été le premier à convertir la fécule ou l'amidon de la pomme de terre en une matière sucrée, fermentescible, en la traitant avec l'acide sulfurique faible, par une longue ébullition.

L'industrie s'est emparée de ce résultat et en a fait la base d'un procédé avantageux, pour disposer la fécule à la fermentation et en extraire de la bonne eau-de-vie.

Ce procédé s'est tellement perfectionné en France que les produits des établissemens de ce genre peuvent soutenir aujourd'hui la concurrence des eaux-de-vie de vin, quoique celles-ci soient à très-bas prix dans le commerce.

On commence par faire un mélange, dans une chaudière de plomb, d'acide sulfurique concentré et d'eau, dans la proportion de trois d'acide sur cent d'eau.

On porte ce mélange à l'ébullition, on y fait tomber alors peu-à-peu, à l'aide d'une trémie, la fécule sèche qu'on veut employer; on agite fortement et sans relâche le mélange bouillant.

Après six à huit heures d'ébullition, l'opération est terminée et on laisse reposer.

On sature alors l'acide avec de la craie; il se forme du sulfate de chaux qui ne tarde pas à se précipiter.

Lorsque la liqueur est bien clarifiée et que

tout le dépôt est formé, on la soutire avec soin pour la porter dans les cuviers, où doit s'opérer la fermentation.

Les cuviers ont cinq pieds de profondeur sur quatre et demi de diamètre. Ils sont établis dans un lieu où l'on entretient constamment vingt-cinq degrés de chaleur.

La densité du liquide doit être de sept degrés au pèse-liqueur.

Dès que la liqueur fermentescible a pris la température de l'atelier, on y délaie vingt kilogrammes de levure de bière qu'on fait venir de Hollande; la fermentation s'annonce en peu de temps et continue pendant quelques jours. Souvent elle s'arrête, mais elle reprend quelques jours après avec une nouvelle énergie.

Cinquante kilogrammes de fécule doivent donner vingt à vingt et un litres d'eau-de-vie à vingt-deux degrés, lorsque l'opération est bien conduite. La fécule se vend à Paris 8 à 9 fr. les cinquante kilogrammes.

Cette eau-de-vie n'a ni mauvais goût ni mauvaise odeur; elle est douce; et les fabricans de liqueurs la préfèrent à celle de vin.

CHAPITRE XIII.

DE LA DISTILLATION.

L'ART de distiller les vins pour en extraire le principe spiritueux, a fait connaître un nouveau produit qui est employé non-seulement comme boisson, mais encore comme une substance dont les arts ont tiré le parti le plus avantageux.

Ce produit de la distillation du vin est connu dans le commerce sous les noms d'eau-de-vie, d'alcool, d'esprit de vin, etc., et l'appareil dans lequel se fait l'opération porte le nom d'alambic (*).

(*) Les dénominations d'eau-de-vie, d'esprit de vin, employées jusqu'ici par le commerce pour désigner les deux extrêmes de concentration de la même liqueur, telle qu'on l'emploie dans le commerce, ont été remplacées dans la nouvelle nomenclature chimique par le mot générique *alcool*. Cependant, comme dans le lan-

Depuis qu'on a découvert l'art de distiller les vins, l'importance des vignobles s'est accrue considérablement : la culture de la vigne n'a plus eu pour unique but de fournir une boisson tonique et agréable; la distillation, en dégageant de cette liqueur le principe volatil, spiritueux, inflammable, a fait connaître une seconde boisson plus active, qui est bientôt devenue d'un usage général dans presque toute l'Europe, et dont les arts se sont emparés pour dissoudre les résines et former les vernis, pour conserver les fruits, dissoudre le parfum des plantes et établir des arts nouveaux.

Aujourd'hui la plupart des vins blancs et une partie des vins rouges de médiocre qualité sont employés à la distillation; les vins

gage reçu, eau-de-vie et esprit de vin expriment des substances très-différentes par les usages qu'elles ont dans les arts et dans l'économie domestique, il est à craindre que le commerce ne veuille pas les comprendre sous la même dénomination; car il ne lui suffit pas qu'elles soient de même nature, du moment que le prix et les usages établissent entre elles une grande différence.

rouges de bonne qualité sont réservés pour la table.

Vu l'importance de la matière, on me permettra de retracer en peu de mots tout ce qui a été fait sur la distillation du vin avant de parvenir à inventer les nouveaux appareils, qui ont fait une telle révolution dans l'art de la distillation, qu'on peut le regarder comme un art créé de nos jours.

Les anciens peuples n'avaient que des idées très-imparfaites de la distillation. Raymond Lulle, Jérôme Rubée et Jean-Baptiste Porta, ne laissent pas de doute à ce sujet : les anciens connaissaient sans contredit l'art d'élever l'eau en vapeur, d'extraire le principe odorant des plantes, etc. ; mais leurs procédés ne méritent pas le nom d'appareil. Dioscoride nous dit que, pour distiller la poix, il faut en recevoir les parties volatiles dans des linges qu'on place au-dessus du vase distillatoire.

Les premiers navigateurs des îles de l'archipel se procuraient de l'eau douce en recevant la vapeur de l'eau salée dans des éponges qu'on disposait sur les vaisseaux dans lesquels on la faisait bouillir. (*Voyez* Porta, *De distillatione*, cap. I.)

Le mot *distillation* n'avait pas chez les anciens une valeur analogue à celle qu'on lui a assignée depuis quelques siècles. Ils confondaient sous ce nom générique la filtration, les fluxions, la sublimation et autres opérations qui ont reçu de nos jours des dénominations différentes et qui exigent des appareils particuliers. (Jérôme Rubée, *De distillatione.*)

Les Romains, sous les rois et du temps de la république, ne paraissent pas avoir connu l'eau-de-vie. Pline, qui écrivait dans le premier siècle de l'ère chrétienne, ne la connaissait pas encore ; il nous a laissé un très-bon livre sur la vigne et le vin, et il ne parle point de l'eau-de-vie, quoiqu'il considère le vin sous tous ses rapports. Galien, qui vivait un siècle après lui, ne parle de la distillation que dans le sens que nous venons de rapporter.

Tout porte à croire que l'art de la distillation a pris naissance chez les Arabes, qui de tous temps se sont occupés d'extraire l'arome des plantes, et qui ont successivement porté leurs procédés en Italie, en Espagne et dans le midi de la France.

Il paraît même que c'est dans leurs écrits que l'on trouve pour la première fois le mot *alambic*, qui dérive de leur propre langue, et qu'ils le connaissaient avant le dixième siècle; car Avicenne, qui vivait à cette époque, s'en est servi pour expliquer le catarrhe, qu'il compare à une distillation, dont l'estomac est la cucurbite; la tête, le chapiteau; et le nez, le bec par où l'humeur s'écoule.

Rasès et Albucase ont décrit des procédés particuliers pour extraire les principes aromatiques des plantes : il paraît qu'on en recevait généralement les vapeurs dans des chapiteaux qu'on rafraîchissait avec des linges mouillés.

Il est démontré que Raymond Lulle, qui vivait dans le treizième siècle, connaissait l'eau-de-vie et l'alcool; car dans son ouvrage intitulé : *Testamentum novissimum*, il dit, page 2, édition de Strasbourg, 1571 : *Recipe nigrum nigrius nigro* (vin rouge), *et distilla totam aquam ardentem in balneo ; illam rectificabis quousque sine phlegmate sit.* Il dé-

clare qu'on emploie jusqu'à sept rectifica-
tions, mais que trois suffisent pour que l'alcool soit entièrement inflammable et ne laisse
pas de résidu aqueux.

Le même auteur enseigne ailleurs à s'emparer de l'eau par le moyen de l'alcali
fixe desséché. (*Voyez* Bergman, *Opuscula
physica et chimica*, édition de Leïpsick de
1781, vol. IV , pag. 137.) Vers la fin duqua-
torzième siècle, Basile Valentin proposa la
chaux vive pour le même objet.

Raymond Lulle parle dans tous ses ouvrages d'une préparation d'eau-de-vie qu'il
appelle *quinta essentia,* d'où dérive le mot
quintessence. Il l'obtenait par des cohobations
faites à une douce chaleur de fumier pendant
plusieurs jours, et par la redistillation du produit. Raymond Lulle et ses successeurs ont
attaché de grandes vertus à cette quintessence, dont ils faisaient la base de leurs travaux alchimiques.

Arnaud de Villeneuve, contemporain de
Lulle, parle beaucoup de l'eau-de-vie; mais
c'est à tort qu'on l'a regardé comme l'inven-
teur du procédé par lequel on l'obtient. On

ne peut pas néanmoins lui refuser la gloire d'avoir fait les plus heureuses applications des propriétés de l'eau-de-vie, et sur-tout du vin naturel ou composé, soit à la médecine, soit aux préparations pharmaceutiques. (*Arnaldi Villanovani Praxis : Tractatus de vino ;* cap. *De potibus,* etc. ; edit. Lugduni, 1586.)

Michel Savonarole, qui vivait au commencement du quinzième siècle, nous a laissé un traité (*De conficiendá aquá vitæ*), dans lequel on trouve des choses très-remarquables sur la distillation ; il observe d'abord que ceux qui l'ont précédé ne connaissaient généralement que le procédé suivant pour la distillation. Ce procédé consiste à mettre le vin dans la chaudière de métal, et à recevoir la vapeur dans un tuyau placé dans un bain d'eau froide ; la vapeur condensée coule dans un récipient.

Savonarole observe que les distillateurs plaçaient toujours leurs établissemens près d'un courant d'eau, pour avoir constamment de l'eau fraîche à leur disposition. Les anciens appelaient le tuyau contourné du serpentin *vitis,* par rapport à ses sinuosités. (*Voyez*

Jér. Rubée.) Ils employaient, pour luter les jointures de l'appareil, le lut de chaux et de blanc d'œuf, ou celui de colle de farine et de papier.

Savonarole ajoute que, de son temps, on a introduit l'usage des cucurbites de verre pour obtenir une eau-de-vie plus parfaite; et qu'on coiffait ces cucurbites d'un chapiteau qu'on rafraîchissait avec des linges mouillés.

Il conseille (chap. V) d'employer de grands chapiteaux pour multiplier les surfaces.

Il dit que quelques-uns rendaient le col qui réunit la chaudière au chapiteau le plus long possible, pour obtenir de l'eau-de-vie parfaite en un seul coup; il ajoute qu'un de ses amis avait placé la chaudière au rez-de-chaussée, et le chapiteau au faîte de sa maison.

Dans le nombre des moyens qu'il donne pour juger des degrés de spirituosité de l'eau-de-vie, il indique les suivans comme étant pratiqués de son temps : 1°. on imprégne des linges ou du papier avec l'eau-de-vie, on y met le feu; l'eau-de-vie est réputée de bonne qualité lorsque la flamme de l'eau-de-vie détermine la combustion du linge ou du papier; 2°. on mêle l'eau-de-vie avec l'huile pour s'assurer si elle surnage.

Savonarole traite au long des vertus de l'eau-de-vie, et donne des procédés pour la combiner avec l'arome des plantes et autres principes, soit par *macération*, soit par *distillation*, et former par là ce qu'il appelle *aqua ardens composita*.

Jérôme Rubée, qui a fait beaucoup de recherches sur la distillation, décrit deux procédés assez curieux, qu'il a trouvés, à la vérité, dans des ouvrages anciens. Ces deux procédés consistent, l'un à recevoir les vapeurs dans des tubes longs et tortueux plongés dans de l'eau froide; l'autre, à placer un chapiteau de verre à bec sur la cucurbite. Le travail de Jérôme Rubée est remarquable en ce qu'il préfère les tubes longs et contournés qui, selon lui, permettent d'obtenir, par une seule distillation, un esprit de vin très-pur, qu'on n'obtient, dit-il, que par des distillations répétées dans d'autres appareils. (*De distillationne*, § 2 cap. II, édit. de Bâle, de 1568.)

Jean-Baptiste Porta, Napolitain, qui vivait vers la fin du seizième siècle, a imprimé un traité *De distillationibus*, dans lequel il envisage cette opération sous tous ses rapports, en l'appliquant à toutes les substances qui en sont susceptibles ; il décrit plusieurs appareils d'après lesquels, par une seule chauffe, on peut obtenir à volonté tous les degrés de spirituosité de l'alcool. Le premier de ces appareils consiste dans un tube contourné en spirale qu'il adapte au-dessus de la chaudière ; le second est composé de chapiteaux placés les uns sur les autres, et percés chacun latéralement d'une ouverture, à laquelle est adapté un tuyau qui aboutit à un récipient.

Il observe qu'on peut obtenir par ce moyen et à volonté tous les degrés de spirituosité, attendu que les parties aqueuses se condensent dans le bas, et que les parties spiritueuses s'élèvent plus haut.

Ces procédés diffèrent bien peu de ceux qui, selon Rubée, étaient en usage chez les anciens.

Nicolas Lefebvre, qui vivait vers le milieu

du XVIIe. siècle, a publié, en 1651, la description d'un appareil par lequel il obtient d'une seule opération l'alcool le plus déphlegmé. Cet appareil est composé d'un long tuyau formé de plusieurs pièces qui s'emboîtent en zigzag les unes dans les autres; une des extrémités est adaptée à la chaudière, tandis que l'autre aboutit à un chapiteau; le bec du chapiteau transmet la vapeur dans une allonge qui traverse un tonneau rempli d'eau froide : là, les vapeurs se condensent et coulent dans un récipient.

Le docteur Arnaud, de Lyon, dans son *Introduction à la chimie ou à la vraie physique*, imprimée en 1655, chez Cl. Prost, à Lyon, nous donne des principes excellens sur la composition des fourneaux, la fabrication des luts, la manière de conduire le feu, la calcination, et la distillation qu'il appelle une *sublimation humide*. Il conseille l'usage des chaudières basses, comme facilitant l'évaporation; il parle de la conversion de l'eau-de-vie en esprit de vin par des distillations répétées ou par une distillation au bain-marie telle que nous l'employons aujourd'hui pour distiller les substances dont la partie spiritueuse s'élève à une chaleur inférieure à celle de l'eau bouillante. Il parle aussi du bain de vapeur ou de rosée.

Jean-Rodolphe Glauber, dans son traité, intitulé : *Descriptio artis distillatoriæ novæ*, imprimé à Amsterdam en 1658, chez Jean Jansson, nous fait connaître des appareils dans lesquels on trouve le germe de plusieurs procédés qui ont été perfectionnés de nos jours. L'un consiste à transmettre les vapeurs qui s'échappent par la distillation, dans un vase entouré d'eau froide; de ce premier vase, il fait passer celles qui ne sont pas condensées dans un second, communiquant au premier par un tube recourbé; de ce second, il fait passer à un troisième, et ainsi de suite jusqu'à ce que la condensation soit parfaite. On voit clairement qu'à l'aide de cet appareil qu'on peut appliquer à la distillation, on obtient divers degrés de spirituosité, selon que la condensation se fait dans le premier, le second ou le troisième de ces vases plongés dans l'eau froide.

Dans un second appareil, Glauber place une

cornue de cuivre dans un fourneau ; il en fait plonger le bec dans un tonneau fermé rempli du liquide qu'il veut distiller ; de la partie supérieure de ce tonneau part un tube qui va s'adapter à un serpentin disposé dans un autre tonneau rempli d'eau. On voit, d'après cette disposition, que le liquide contenu dans le premier tonneau remplit sans cesse la cornue, et qu'en échauffant cette dernière on imprime bientôt à tout le liquide du tonneau un degré de chaleur suffisant pour en opérer la distillation : de sorte qu'avec un petit fourneau et à peu de frais, on échauffe un volume considérable de liquide. Glauber se sert avec avantage de cet appareil ingénieux pour chauffer les bains.

Philippe-Jacques Sachs, dans un ouvrage imprimé à Leipsick en 1661, sous le titre de *Vitis viniferæ ejusque partium consideratio*, etc., nous a donné un traité complet et très-précieux sur la culture de la vigne, la nature des terrains, des climats et des expositions qui lui conviennent, la manière de faire le vin, la richesse des diverses nations dans ce genre, la différence et la comparaison

des méthodes usitées chez chacune d'elles,
la distillation des vins, etc. On voit sur-tout
dans le dernier chapitre, qui seul nous occupe
en ce moment, que les anciens avaient plusieurs méthodes d'extraire l'esprit de vin,
lesquelles consistaient ou à élever l'alcool par
une douce chaleur, ou à s'emparer de l'eau
du vin par de l'alun calciné, ou à placer des
linges mouillés sur la cucurbite, ou à frapper
de glace le chapiteau de l'alambic pour ne
laisser passer que les vapeurs les plus sub-
tiles, ou enfin à terminer la chaudière par un
col extrêmement long. Le même auteur parle
aussi de l'alcool ou de la quintessence, *quinta-
essentia*, et donne les divers moyens de l'extraire. *Ut vero spiritûs vini alcool exaltetur,
variis modis tentârunt chimici : quidam multis
repetitis cohobationibus ; aliqui, instrumen-
torum altitudine ; alii, spongiâ alembici ros-
trum obturante, ut, aquâ retentâ, soli spi-
ritus transirent; non multi, flammâ lampadis,
ut ad summum gradum depurationis exalta-
retur.*

Moïse Charas, dans sa *Pharmacopée*, imprimée en 1676, a décrit l'appareil de Nicolas

Lefebvre, et y a ajouté quelques perfectionnemens ; il a adapté un réfrigérant au chapiteau. On peut voir encore dans les *Élémens de chimie*, de Berchusen, imprimés en 1718, et dans ceux de Boerhaave, qui parurent à Paris en 1733, plusieurs procédés d'après lesquels on peut obtenir de l'alcool très-pur par une seule chauffe ; mais tous ces procédés ont cela de commun, qu'on fait parcourir à la vapeur de très-longs tuyaux pour condenser les vapeurs aqueuses, et ne recevoir en dernier résultat que l'esprit de vin le plus pur et le plus léger.

Postérieurement, on a beaucoup écrit sur la distillation, on a proposé et exécuté divers perfectionnemens ; mais au lieu de partir de l'heureuse idée des anciens, qui avaient entrevu la possibilité d'obtenir à volonté tous les degrés de l'alcool par la condensation successive de la vapeur d'eau mêlée à l'alcool, on s'est borné à varier la forme de la chaudière, celle de l'alambic et celle du serpentin ; et l'art de la distillation a presque rétrogradé pendant près d'un siècle.

Cet art s'était fixé, il y a peu de temps, à

un appareil qui, quoique éloigné des vrais principes de la distillation des vins, était néanmoins généralement adopté, parce qu'il produisait son effet; et c'est par des distillations répétées de l'eau-de-vie qu'on parvenait à obtenir les divers degrés de spirituosité qu'on désirait.

Tel était l'état de la distillation vers la fin du dernier siècle.

A cette époque, l'appareil le plus généralement employé pour la distillation était composé de trois pièces en cuivre : une chaudière ronde qui contenait environ quatre cents pintes de vin, se rétrécissait vers sa partie supérieure, et recevait un chapiteau qui s'enchâssait dans son orifice et communiquait par un tuyau allongé à un serpentin. Ce serpentin était placé dans un tonneau, dans lequel on entretenait de l'eau fraîche pour opérer la condensation des vapeurs alcooliques.

Cet appareil grossier présentait plusieurs défauts : le premier de tous, c'est que les vapeurs qui s'élevaient par l'action du feu passaient toutes dans le serpentin, où elles se condensaient; de sorte que les vapeurs aqueuses, mêlées aux vapeurs alcooliques, coulaient dans le *bassiot* ou récipient, et formaient constamment une eau-de-vie très-faible, qu'il fallait soumettre à une seconde distillation, pour la porter à un degré convenable.

Le second inconvénient de ces alambics consistait en ce que la condensation étant toujours très-imparfaite, parce que l'eau du bain du serpentin ne tardait pas à s'échauffer, il y avait une grande déperdition de vapeurs alcooliques, qui se répandaient à pure perte dans l'atelier.

Le troisième vice inhérent à ces appareils était le suivant : comme toutes les vapeurs qui s'élevaient de la chaudière passaient immédiatement dans le serpentin, où elles se condensaient, il fallait modérer le feu de manière à ne faire évaporer que les parties alcooliques ; un coup de feu un peu plus fort faisait monter une trop grande masse de fluide aqueux, et alors on n'obtenait qu'une eau-de-vie très-faible : il fallait donc surveiller le feu avec un soin extrême ; l'opération devenait difficile à conduire.

Ces vices réunis de l'appareil distillatoire faisaient qu'il était impossible d'extraire les dernières portions d'alcool contenues dans le vin, sans qu'elles fussent chargées d'une immense quantité de parties aqueuses; on séparait avec soin ce dernier produit de la distillation sous le nom de *petites eaux*, et on les redistillait avec du vin nouveau.

L'eau-de-vie obtenue par ce procédé avait assez constamment un goût de brûlé; elle était rarement très-limpide : tout cela provenait de la difficulté de pouvoir maîtriser le feu et de la difficulté plus grande encore de retirer, sans forcer la chaleur, toute la partie alcoolique contenue dans le vin.

Si l'on ajoute à cela que le fourneau de ces alambics était mal construit, qu'il ne présentait aucun moyen de régulariser la chaleur ni de l'appliquer également à toute la masse du liquide, on verra que l'art de la distillation était encore dans l'enfance.

Je sentais tous ces défauts, et j'essayai de les corriger : en conséquence je fis construire des chaudières larges et peu élevées pour présenter à la chaleur une plus grande surface de liquide et moins d'épaisseur; j'entourai le chapiteau d'un bain d'eau froide, pour opérer une première condensation et séparer une partie de la vapeur aqueuse qui retombait en gouttes ou en stries dans la chaudière; je multipliai les circonvolutions du serpentin et agrandis le tonneau du bain pour que l'eau s'échauffât moins facilement. Ces améliorations furent approuvées, et la distillation s'établit d'après ces principes. Mes appareils et ceux de M. Argand, qui avait sur-tout admirablement perfectionné les fourneaux, ont été employés avec succès pendant quinze à vingt ans.

Mais dans les premières années de ce siècle l'art de la distillation a été établi sur de nouveaux principes, et on a laissé bien loin tout ce qui était connu et pratiqué.

Un appareil chimique, par le moyen duquel on fait passer des vapeurs ou des gaz à travers des liquides pour les en saturer, a donné à Edouard Adam la première idée de son appareil de distillation.

La connaissance du fait que les vapeurs aqueuses se condensent à un degré de chaleur qui ne peut pas opérer la condensation des vapeurs alcooliques, lui a fourni le moyen de compléter son appareil.

L'appareil chimique lui a suggéré l'idée de conduire, à l'aide d'un tube de cuivre, les vapeurs qui s'élèvent d'une chaudière de vin placée au foyer du fourneau dans une nouvelle chaudière remplie de vin, pour y déposer leur chaleur et porter le liquide à l'ébullition; les vapeurs qui s'élèvent de celle-ci peuvent être portées dans une troisième, où le vin ne tarde pas à se mettre en ébullition; de sorte qu'il suffit d'entretenir le feu sous une chaudière et de transmettre la vapeur alcoolique dans le vin contenu dans deux et trois autres chaudières bien closes, pour opérer la distillation dans toutes. Cette manière de transmettre la chaleur est aujourd'hui pratiquée dans plusieurs ateliers étrangers à la distillation, et c'est ce qu'on appelle *chauffer à la vapeur*.

Par ce moyen, Edouard Adam obtenait déjà une grande économie de combustible, et il était sûr d'avoir des vapeurs alcooliques qui ne pouvaient en aucun temps sentir le brûlé. Il gagnait encore sur le temps et sur la main d'œuvre, attendu qu'un ouvrier qui ne soignait qu'un fourneau produisait de plus grands résultats que s'il n'eût fait qu'évaporer dans une chaudière.

C'était déjà beaucoup sans doute, mais ce n'était pas encore assez; il fallait trouver le moyen de séparer les vapeurs aqueuses des vapeurs alcooliques, pour avoir ces dernières dans leur plus grand degré de pureté possible, et c'est ce qu'il a fait en appliquant à son appareil le second principe que nous avons déjà posé.

Faisons passer, s'est-il dit, les vapeurs alcooliques qui sortent de la dernière chaudière dans des vases qui soient immergés dans un bain d'eau froide, la vapeur aqueuse s'y condensera, et je pourrai la ramener dans les chaudières pour y être redistillée, tandis que la vapeur alcoolique sortira de ces vases sans s'y condenser, et ira jusqu'au serpentin, où elle subira sa condensation.

En partant de ce raisonnement, établi sur des faits positifs, il a adapté un tube à la partie supérieure de la dernière chaudière : ce tube conduit les vapeurs dans un premier condensateur sphérique, baigné par l'eau ; là, une partie des vapeurs aqueuses se résout en liquide, et ce liquide est porté par un tuyau dans le vin de la première chaudière, pour y être redistillé et dépouillé d'une légère portion d'alcool qui y est dissoute ; les vapeurs qui ne peuvent pas se condenser dans ce premier vase passent dans un second, où il s'opère une condensation nouvelle, attendu que la température y est moins élevée ; de ce second elles passent dans un troisième et dans un quatrième, et ce qui se condense se rend, comme nous venons de le dire, dans la chaudière, pour qu'une nouvelle distillation enlève tout ce qui y reste de spiritueux.

La vapeur, en traversant les condensateurs, perd peu-à-peu sa chaleur ; l'eau se précipite ; l'alcool se purifie, il se dépouille de presque toute l'eau qui s'était élevée avec lui par l'évaporation, et lorsqu'il arrive au serpentin, il se condense et marque le plus haut degré de spirituosité.

On voit, par ce qui précède, que, d'après ce procédé ingénieux, on peut obtenir, à volonté et par une seule opération, tous les degrés de spirituosité alcoolique du commerce. Chaque condensateur donne un degré différent, et en retirant successivement le produit de chacun, on a des degrés qui varient depuis l'eau-de-vie jusqu'à l'alcool le plus pur. On peut encore diriger les vapeurs dans le serpentin sans les faire passer par l'intermédiaire des condensateurs, et alors on obtient le degré qui forme la bonne eau-de-vie de commerce.

Tels sont les principes qui constituent éminemment le procédé d'Édouard Adam ; mais indépendamment de l'application de ces principes, il a ajouté des améliorations qui rendent son appareil plus parfait.

1°. A l'aide de robinets et de tuyaux, il dirige à volonté la vapeur dans un petit serpentin d'essai, pour y opérer la condensation et juger du degré de spirituosité toutes les fois qu'il le trouve convenable.

2°. Il a interposé un serpentin entre les condensateurs et le serpentin à eau ; il fait baigner dans le vin le serpentin supérieur, et par ce moyen, le vin y prend un degré de chaleur qui hâte son ébullition lorsqu'on en remplit les chaudières. Ce premier serpentin condense la vapeur alcoolique de manière que l'alcool coule liquide dans le second serpentin, et échauffe peu le bain d'eau dans lequel ce second serpentin est plongé.

Il résulte de ces dispositions trois principaux avantages : le premier, de chauffer, sans aucune dépense, le vin qu'on va distiller; le second, de n'être pas obligé de renouveler l'eau du serpentin; le troisième, d'obtenir constamment de l'alcool froid, et d'éviter toute déperdition ou évaporation

M. Édouard Adam forma de suite plusieurs grands établissemens, d'après ces principes, à Cette, à Toulon, à Perpignan, etc., et s'assura d'un brevet d'invention pour jouir en sûreté du fruit de sa découverte.

Mais ses succès éveillèrent bientôt l'attention des autres distillateurs; ses résultats étaient tels, que ces derniers ne pouvaient plus concourir avec lui : dès-lors, on fit des essais par-tout, ou pour imiter, ou pour varier ce procédé.

C'est sur-tout en partant de l'idée fondamentale que le degré de température auquel se condensaient les vapeurs aqueuses, était insuffisant pour condenser les vapeurs alcooliques, qu'on fit le plus de tentatives. Les appareils construits par Édouard Adam étaient immenses et très-coûteux; on chercha à en réduire les dimensions et à les mettre à la portée du plus grand nombre.

Isaac Bérard, du Grand-Gallargues (département du Gard), produisit, peu de temps après, un appareil plus simple, qui obtint la préférence sur celui d'Adam : au lieu de coiffer la chaudière d'un chapiteau, comme on le pratiquait anciennement, il la surmonta d'un cylindre dont l'intérieur est divisé en compartimens qui communiquent entre eux par de petites ouvertures; les vapeurs qui s'élèvent du vin en ébullition sont transmises dans ces *chambres*, où elles se dépouillent d'une portion aqueuse qui se rend dans la chaudière par le moyen de conduits, et les vapeurs alcooliques passent dans un condensateur cylindrique qui plonge dans un bain d'eau; ce condensateur est divisé intérieurement par des diaphragmes en lames de cuivre, qui en font quatre à cinq *chambres* communiquant entre elles par des ouvertures, de sorte qu'on peut à volonté les laisser parcourir toutes par la vapeur avant qu'elle arrive au serpentin, ou la renvoyer au serpentin après qu'elle a passé par deux ou trois. Les vapeurs se déphlegment de plus en plus en traversant les chambres, de sorte que lorsqu'elles se sont ensuite condensées dans le serpentin, l'alcool marque trente-six et trente-huit degrés; tandis que si on dirige les vapeurs dans le serpentin sans les faire passer dans les chambres du condensateur, l'alcool marque de vingt à vingt-cinq degrés : on obtient à volonté tous les degrés intermédiaires en faisant parcourir aux vapeurs plus ou moins de chambres.

L'appareil de Bérard parut si simple et si avantageux, qu'il fut généralement adopté : Édouard Adam en attaqua l'auteur comme contrefacteur; des procès dispendieux qu'il fut forcé de soutenir contre Bérard et beaucoup d'autres, le détournèrent de ses occupations; et cet homme, à qui on doit presque l'art de la distillation, est mort de chagrin et dans un état voisin de la misère.

A-peu-près dans le même temps, M. Cellier, de Blumenthal, conçut l'idée heureuse de multiplier presque à l'infini les surfaces du vin soumis à la distillation, pour économiser du temps et du combustible. En conséquence, il fit circuler les vapeurs qui s'échappent de la chaudière, sous de nombreux plateaux placés les uns sur les autres, et contenant chacun une couche de vin d'environ un pouce d'épaisseur. Ces plateaux sont sans cesse alimentés par du vin chaud qui coule de l'un à l'autre en laissant évaporer l'alcool; le résidu se rend dans la chaudière, où se termine la distillation. Le vin dépouillé de tout l'alcool s'échappe sans interruption de la chaudière par une ouverture latérale.

Ce procédé, perfectionné encore par M. Derosne, est très-expéditif et dépense peu de combustible eu égard aux produits qu'il fournit.

On appelle cette méthode de distiller : *distillation continue*.

Ce procédé, quoique mis sous la garantie d'un brevet d'invention, a été imité; et M. Cellier a éprouvé le sort d'Édouard Adam, par les procès qu'il a été forcé d'intenter aux contrefacteurs de son appareil, tant il est vrai que la législation sur les brevets d'invention est très-insuffisante.

Depuis cette époque, on a varié à l'infini les appareils distillatoires, mais en partant constamment des mêmes principes (*).

Les uns ont dirigé le courant de chaleur qui s'échappe d'un seul foyer sous plusieurs chaudières placées à la suite l'une de l'autre.

D'autres ont varié le nombre et la forme des condensateurs.

Plusieurs ont fait des dispositions plus favorables pour remplir les chaudières, connaître le moment où le liquide ne contient pas d'alcool, chauffer sans frais le vin qui doit servir à la distillation, etc.

Ces découvertes successives ont donné le moyen de distiller avec plus de perfection le marc du raisin, les grains fermentés, la bière, le cidre, etc.

En appliquant à ces substances fermentées la simple chaleur des vapeurs aqueuses ou

(*) On peut consulter avec avantage l'ouvrage en deux volumes qu'a publiés M. Lenormand sur la distillation. C'est un traité complet sur cette importante matière.

des vapeurs alcooliques, on en dégage un alcool qui est plus parfait, parce que le feu n'est pas appliqué immédiatement au liquide; le produit ne sent plus l'empyreume, et la chaudière n'est pas brûlée, comme elle l'était, par la distillation à feu nu du marc et du grain.

Obligé de faire un choix parmi les appareils connus, ou d'en composer un de toutes les améliorations qui ont été successivement apportées, j'ai adopté le suivant :

Une chaudière capable de distiller environ cinq cents litres de vin est placée sur un fourneau; de la partie supérieure de cette chaudière part un tuyau qui porte les vapeurs alcooliques dans une seconde chaudière contenant quatre cents litres; ce tuyau plonge à dix pouces dans le vin contenu dans cette dernière; de la partie supérieure de celle-ci part un tube qui transmet les vapeurs dans un cylindre de cinq pieds de longueur sur quinze pouces de diamètre; ce cylindre est divisé dans son intérieur en quatre cavités ou chambres séparées par des diaphragmes de cuivre, et communiquant entre elles par un léger orifice pratiqué à la partie supérieure de chaque diaphragme : ce cylindre est plongé dans un baquet d'eau froide. On renouvelle l'eau du baquet en la faisant arriver par l'extrémité la plus éloignée des chaudières.

Les vapeurs qui ne sont pas condensées en parcourant les chambres du cylindre se rendent, à l'aide d'un tuyau, dans un serpentin plongé dans le vin, et de là dans un serpentin inférieur rafraîchi par l'eau. Le courant de chaleur, après avoir chauffé la première chaudière, passe sous la seconde pour faciliter l'ébullition du liquide.

Telle est la disposition générale de l'appareil; mais pour en rendre le service aussi sûr que facile, il faut entrer encore dans quelques détails d'exécution.

A chacune des deux chaudières il faut placer :

1º. Un petit tuyau avec robinet à la partie supérieure de la chaudière. On ouvre ce robinet pour laisser échapper un jet de vapeurs, auxquelles on présente un corps allumé; lorsqu'elles s'enflamment l'opération n'est pas terminée, dans le cas contraire elle est finie;

2°. Un gros tuyau avec un robinet au bas de la chaudière, pour faire couler le résidu ou la vinasse;

3°. Un robinet latéral, pour juger du moment où la charge du vin est à une hauteur suffisante;

4°. Une douille d'un pouce et demi de diamètre dans la partie supérieure et à quelques pouces de l'endroit où la chaudière commence à se rétrécir, pour pouvoir la nettoyer ou la remplir.

Au fond de chaque chambre du cylindre condensateur, il doit y avoir un tuyau qui porte au dehors le liquide qui se condense; ces tuyaux doivent s'ouvrir et verser ce liquide dans un tube plus large, qui le porte lui-même dans le fond de la première chaudière. Pour plus de régularité et d'aisance dans le service, il convient de placer un robinet à chacun des tubes, à un pouce de distance de leur insertion dans le tube commun.

Quant au serpentin supérieur, comme le vin qui lui sert de bain peut prendre un degré de chaleur capable de produire des vapeurs alcooliques, il faut que le tonneau dans lequel il est contenu soit hermétiquement fermé, et qu'il n'y ait, à sa partie supérieure, qu'une douille qui permette de le remplir, et un tube qui prenne les vapeurs alcooliques et les transmette dans le fond de la seconde chaudière. Un grand robinet placé latéralement au fond du tonneau servira à faire couler le vin chaud toutes les fois qu'on voudra charger la première chaudière.

Le mécanisme de cet appareil est facile à saisir. Une fois que les deux chaudières et le tonneau du serpentin supérieur sont convenablement chargés de vin, on porte le liquide de la première à l'ébullition, et la seconde commence à s'échauffer par le courant de la chaleur qui s'échappe du foyer de la première. Les vapeurs qui s'élèvent de la première sont transmises dans le liquide de la seconde, où elles se condensent et se dissolvent en abandonnant toute leur chaleur à la masse de vin qu'elle contient. Le liquide ne tarde pas à se mettre en ébullition : alors toutes les vapeurs alcooliques passent dans le cylindre condensateur, où elles éprouvent une température froide ; la partie aqueuse s'y condense avec une portion d'alcool ; cette partie condensée se rend, par les tuyaux, dans le fond de la première chaudière, où elle se dépouille de son alcool par une seconde distillation ; les vapeurs alcooliques qui n'ont pas pu être condensées à ce degré de température se rendent dans le premier serpentin, où elles se résolvent en liquide, et en passant dans le second ce liquide perd toute sa chaleur.

Par cet appareil, on peut obtenir ; par une première chauffe, de l'excellent alcool à trente six et trente-huit degrés.

On conçoit que l'alcool sera d'autant plus pur, que l'eau dans laquelle le cylindre condensateur est baigné sera plus froide : il faut donc la renouveler le plus souvent qu'on peut.

On voit aussi que si le tube qui porte les vapeurs de la seconde chaudière dans le cylindre condensateur les transmettait immédiatement dans le serpentin, on obtiendrait de l'eau-de-vie ordinaire ; mais qu'en les déphlegmant par le moyen du condensateur on obtient des degrés supérieurs.

Si, au lieu de remplir la premièr chaudière avec du vin, on la remplissait d'eau et qu'on chargeât la seconde avec du marc de raisin ou avec du grain fermenté, il suffirait d'opérer de la même manière pour en extraire l'alcool sans crainte de brûler la matière.

Cet appareil ne présente aucun danger à courir; les vapeurs ont par-tout des issues libres, la compression n'est jamais assez forte pour déterminer des explosions, le service en est extrêmement facile. Il peut aisément opérer quatre ou cinq chauffes par jour, et fournir mille à onze cents litres de bonne eau-de-vie, en distillant des vins qui fournissent du quart au cinquième.

Tous les vins, et généralement les liqueurs fermentées, ne fournissent ni la même quantité ni la même qualité d'alcool. Les vins du midi donnent plus d'eau-de-vie que ceux du nord; on en retire jusqu'à un tiers des premiers, le produit moyen est d'un quart, tandis que dans les vignobles du centre c'est un cinquième, et dans le nord c'est du sixième au dixième.

Dans le même pays de vignoble, on observe souvent une très-grande différence dans la spirituosité des vins. Les vignes exposées au midi et placées dans un sol sec et léger produisent des vins très-chargés d'alcool, tandis qu'à côté, mais à une exposition différente et sur un terrain humide et fort, on ne récolte que des vins faibles et peu riches en alcool.

La force des vins peut se déduire de la proportion d'alcool qu'ils contiennent; mais leur bonté, leur qualité, leur prix dans le commerce ne peuvent pas se calculer d'après cette base; le bouquet, la saveur, qui en font rechercher la plupart, sont des qualités étrangères et indépendantes de la quantité d'alcool qu'ils renferment.

En général, les vins riches en alcool sont forts et généreux; mais ils n'ont ni ce moelleux ni ce parfum qui font le caractère de quelques autres.

Les vins blancs donnent une eau-de-vie de meilleur goût que celle des vins rouges. Dans le midi, on distille presque par-tout des vins rouges, et l'eau-de-vie, quoique plus abondante, est moins estimée que celle des vins blancs qu'on distille dans l'ouest.

Les vins qui ont commencé à tourner à

l'aigre fournissent peu d'eau-de-vie, et elle est de mauvaise qualité.

Il ne faut donc distiller que les vins bien fermentés et bien conservés; ce qui explique l'opinion où sont tous les distillateurs qu'il convient de distiller les vins du moment qu'ils ont terminé leur fermentation. Nous observerons cependant que ce principe n'est applicable qu'aux vins médiocres, qui tournent aisément, et que, pour ce qui regarde les vins généreux, bien fermentés, bien dépouillés, on peut les distiller en tout temps.

Une fois qu'on a fait choix du vin qu'on veut soumettre à la distillation, on procède à l'opération de la manière suivante :

On commence d'abord par laver la chaudière avec le plus grand soin; et en supposant qu'on vient de terminer une distillation, on ouvre le robinet pour faire couler la vinasse: par l'ouverture de la douille supérieure, on introduit un bâton pour bien agiter ce liquide, et détacher tout ce qui pourrait former croûte contre les parois intérieures. On ferme le robinet, et on verse de l'eau dans la chaudière ; on l'agite avec soin, et quelque temps après, on ouvre le robinet pour la faire écouler.

Pour sentir toute l'importance de cette opération préliminaire, il suffit d'observer que si l'on néglige cette précaution, la paroi de la chaudière s'encroûte d'une couche de tartre et de lie qui ne tarde pas à donner un mauvais goût à l'alcool, et qui détermine la calcination du cuivre, attendu qu'il n'est plus immédiatement mouillé par le liquide.

Du moment que la chaudière est bien nettoyée, on y verse le vin, et on la remplit à-peu-près aux trois quarts. Avant de verser le vin, on a eu la précaution d'ouvrir le robinet latéral pour juger de l'instant où il faut cesser de charger, et pour faire échapper l'air que déplace le vin.

Dans le même temps que la chaudière se remplit, on allume le feu.

A mesure que les vapeurs s'élèvent, on juge du chemin qu'elles font dans toutes les capacités de l'appareil par la chaleur que prennent successivement tous les conduits qu'elles parcourent.

Il passe d'abord un alcool qui n'a ni

goût ni odeur agréables : on sépare ce premier produit pour le distiller une seconde fois.

L'alcool qui succède est très-concentré et de bonne qualité. On en détermine le titre par le pèse-liqueur, et on établit à demeure cet instrument à l'ouverture du bassiot pour juger du degré de l'alcool pendant tout le temps de l'opération.

Le pèse-liqueur se maintient à-peu-près au même degré pendant quelque temps; mais à mesure que l'appareil et le liquide des bains s'échauffent, la condensation des vapeurs aqueuses est moins parfaite, et l'alcool est moins concentré, de sorte qu'il perd peu-à-peu de sa force.

Lorsque l'alcool commence à tomber au-dessous de vingt degrés, on ouvre de temps en temps le petit robinet placé au haut de la chaudière; on présente une allumette enflammée aux vapeurs qui en sortent, et on renouvelle cet essai jusqu'à ce que ces vapeurs ne s'enflamment plus. Dès ce moment l'opération est terminée.

Si l'on pouvait entretenir pendant toute

l'opération le même degré de fraîcheur à l'eau des condensateurs et au liquide qui baigne les serpentins, tout le produit aurait le même degré; et lorsqu'on s'aperçoit que les degrés diminuent, on peut les relever de suite en rafraîchissant les bains.

Dès que l'opération est finie, on couvre le feu pour s'occuper de faire écouler la vinasse, de nettoyer la chaudière et de la remplir de nouveau.

Comme l'alcool produit pendant toute la durée de l'opération n'est pas au même degré on peut aisément le porter, par le mélange, au degré qu'on désire, ou bien redistiller ce qui a passé vers la fin, pour l'obtenir en totalité au plus haut point de concentration connue. On n'a besoin, en aucun cas, de recourir à la distillation qu'on a appelée jusqu'ici *bain-marie*.

L'alcool qu'on extrait par la distillation doit être incolore et sans mauvaise odeur; on parvient à lui enlever les mauvaises qualités qu'il peut avoir en le redistillant avec soin : il suffit même souvent de le filtrer à travers le charbon bien brûlé et réduit en poussière très-fine. Presque toujours les mauvaises qualités de l'alcool dépendent de ce que la distillation a été mal conduite, ou de ce que les diverses parties de l'appareil ne sont pas propres. Il arrive néanmoins quelquefois que ces défauts proviennent du vin, sur-tout lorsqu'il est légèrement tourné à l'aigre.

A mesure que les bassiots qui reçoivent l'alcool sont pleins, on les vide dans des futailles de bois de chêne qu'on tient dans un lieu frais pour éviter l'évaporation.

Le séjour que fait l'alcool dans le bois neuf lui fait acquérir une couleur jaunâtre, qui n'altère pas sa qualité. L'eau-de-vie, en vieillissant, perd le goût de feu qu'elle a souvent quand elle est fraîche, elle devient plus agréable et plus suave.

Les instrumens dont on se sert pour déterminer le degré de l'alcool, ne sont pas d'une précision mathématique ; mais ils suffisent pour le commerce.

Avant d'arriver à connaître les instrumens dont on se sert aujourd'hui pour connaître le degré de spirituosité de l'alcool, on a employé plusieurs méthodes très-inexactes.

Le réglement de 1729 prescrivait de placer de la poudre dans une cuiller, de recouvrir cette poudre avec de l'alcool et d'y mettre le feu; on jugeait de la spirituosité de l'alcool selon que la poudre s'enflammait ou ne s'enflammait pas; mais pour obtenir des résultats rigoureux, il aurait fallu que la quantité de poudre et celle de l'alcool fussent toujours les mêmes, car une plus grande quantité de liqueur spiritueuse laisse après la combustion une plus grande quantité d'eau, qui ne permet pas à la poudre de s'enflammer.

On a encore employé le carbonate de potasse comme se dissolvant avec plus ou moins de facilité, selon que l'alcool est plus ou moins chargé d'eau.

Le gouvernement espagnol a prescrit, en 1770, d'employer l'huile comme liqueur d'épreuve.

Le procédé consiste à laisser tomber une goutte d'huile sur l'alcool, et on prononce sur le degré de spirituosité, selon que la goutte d'huile descend plus ou moins profondément dans la liqueur; mais il est évident que l'immersion est proportionnée à la hauteur de la chute et au volume de la goutte.

Ce fut en 1772 que MM. Borie et Pouget, de Cette, parvinrent à des résultats qui ont donné au commerce un pèse-liqueur assez exact pour qu'il n'y eût plus aucune erreur notable dans l'évaluation des degrés de spirituosité de l'alcool.

Après avoir fait des expériences très-rigoureuses sur les mélanges d'alcool pur avec l'eau et sur l'action de la température à tous les degrés de concentration possible, ces deux habiles physiciens ont fait adopter un instrument qui tient compte des variations de la température. Ce pèse-liqueur n'a pas peu contribué à établir la réputation des eaux-de-vie du midi dans le nord, en les présentant constamment au commerce à leur véritable degré.

L'usage d'un bon pèse-liqueur est tellement nécessaire au commerce, que j'ai vu pendant plus de quinze ans nos négocians du Languedoc acheter les eaux-de-vie d'Espagne dont le degré de spirituosité n'était pas constant, et se borner à les mettre au degré pour les expédier dans le Nord et dans tous les pays de consommation.

Dans le midi, où l'on prépare la majeure partie des eaux-de-vie qu'on distribue dans le commerce, on les connaît sous des noms différens, selon leur degré de spirituosité.

On appelle eau-de-vie *preuve de Hollande* celle qui marque vingt et un à vingt-deux degrés.

Cette première qualité, plus concentrée et réduite aux trois cinquièmes par la privation ou la soustraction de l'eau qu'elle contient, prend le nom de *trois-cinq*.

On la porte à *trois-six* et à *trois-sept* en la dépouillant d'un cinquième ou d'un quart de plus de son principe aqueux.

A Paris et ailleurs, on emploie le pèse-liqueur de Cartier ou de Baumé pour déterminer le titre de l'alcool. Ces instrumens sont moins précis que celui de Borie, mais ils suffisent aux usages du commerce.

L'alcool est employé comme boisson. On s'en sert pour dissoudre les résines, et il concourt à former les *vernis siccatifs* ou à *l'esprit de vin*.

L'alcool sert de véhicule au principe aromatique des plantes, et prend alors le nom d'esprit de telle ou telle plante.

Les pharmaciens s'en servent pour dissoudre des résines, et ces dissolutions sont connues sous la dénomination de *teintures*.

L'alcool fait la base de presque toutes les boissons qu'on appelle *liqueurs*. On l'adoucit par le sucre, et on l'aromatise avec toutes les substances qui ont un goût ou une odeur agréable.

L'alcool préserve de la fermentation et de la putréfaction les substances animales et végétales. On conserve sans altération dans l'alcool les fruits, les légumes et les matières animales.

Toutes les substances végétales qui ont éprouvé la fermentation spiritueuse donnent de l'alcool par la distillation, mais la quantité et la qualité varient beaucoup.

L'alcool du cidre a, en général, un mauvais goût, parce que la liqueur fermentée contient beaucoup d'acide malique, dont une partie s'élève avec l'alcool et y reste mêlée.

L'alcool extrait des cerises sauvages fermentées a plus de force sous le même degré que celui du vin : on le connaît sous le nom de *kirschwasser*.

L'alcool qu'on retire des sirops de sucre fermentés porte le nom de *rhum* et de *tafia*.

Pallas a vu distiller chez les Kalmoucks le lait aigri des vaches et des jumens; ils aident à l'acétification par la chaleur et par un levain fait avec de la grosse farine salée ou avec la présure de l'estomac des agneaux; ils n'écrêment pas le lait destiné à fournir de l'eau-de-vie. Ils distillent dans des chaudières recouvertes d'un chapiteau de bois, et reçoivent le produit dans des vases, qu'ils rafraîchissent en les entourant d'eau très-froide.

On fait de l'eau-de-vie de grain dans presque tous les pays connus; mais ces eaux-de-vie sont difficiles à obtenir exemptes de mauvais goût, par rapport à l'état presque pâteux de la matière fermentée qui s'attache aux parois de la chaudière, s'y brûle et communique ce goût au produit de la distillation : on masque ce mauvais goût en mêlant des baies de genièvre à la matière de la fermentation; le goût du genièvre domine alors, et la liqueur est connue sous le nom d'*eau-de-vie de genièvre*.

CHAPITRE XIV.

MOYENS DE PRÉPARER DES BOISSONS SAINES À L'USAGE DES HABITANS DE LA CAMPAGNE.

Une grande partie des habitans de la campagne n'a pas d'autre boisson que celle qui est fournie par des puits, des citernes ou des mares.

Les eaux de puits varient beaucoup en qualité, selon l'espèce de terrain à travers lequel elles ont filtré : elles sont excellentes s'il est formé de couches de granit ou de calcaire primitif; elles sont mauvaises si elles ont traversé des bancs de craie ou de plâtre. Dans le premier cas, l'eau de pluie a conservé toute sa pureté; dans le second, elle a dissous ou entraîné, dans un état de division extrême, quelques portions de sulfate et de sous-carbonate de chaux : elle forme alors une boisson pesante peu propre à cuire les légumes et à servir aux lessives, parce qu'elle décompose le savon au lieu de le dissoudre.

La meilleure eau de puits peut être altérée par les filtrations du jus de fumier et de toutes les substances qui pourrissent dans le voisinage à la surface du sol. Cette cause d'infection se présente souvent dans les campagnes, où les puits et les fumiers se trouvent dans la même enceinte et à peu de distance les uns des autres. J'ai vu tous les puits d'un village infectés, et l'eau rendue insalubre, parce qu'on avait toléré le rouissage du chanvre dans un fossé qui séparait les habitations de la promenade publique. Comme on attribuait cet effet à la malveillance, je fus invité par l'administration à en rechercher la véritable cause, et je la trouvai dans la filtration des eaux du rouissage qui alimentaient les puits. Je fis mettre à sec le fossé et les puits à trois reprises différentes, et les eaux redevinrent saines comme auparavant.

J'ai eu occasion de voir bien souvent qu'on était forcé de renoncer à l'usage des eaux d'un puits, parce que la proximité d'une bergerie,

d'une écurie, d'une fosse à fumier les alté-
rait par la filtration des urines des animaux
et du suc de toutes les substances qui se décomposent et se putréfient dans le voisinage.

Ainsi, pour maintenir la pureté de l'eau
dans les puits, il.faut avoir soin de ne déposer dans les environs aucune substance végétale ou animale qui puisse s'y décomposer.

Lorsque l'eau des puits est fournie par des
courans qui la renouvellent sans cesse; lorsque le sol des environs est pavé ou que des
couches d'argile ou de pierre dure ne permettent pas aux eaux de filtrer à travers le
terrain, les précautions que je viens d'indiquer
sont moins nécessaires; mais ces heureuses
dispositions se rencontrent rarement dans les
campagnes.

L'eau de citerne serait la plus pure et la
meilleure de toutes, si l'on entretenait avec
soin la propreté des toits et celle des canaux
et des bassins; mais les excrémens que les
pigeons et les volailles déposent sur les toits
sont entraînés par les eaux pluviales et cor-
rompent l'eau dans les réservoirs. Cette altération rend la boisson désagréable sans être

malsaine : c'est ce que j'ai constamment observé sur les plateaux les plus élevés de nos montagnes, où l'habitant n'a pas d'autre ressource pour se procurer l'eau nécessaire à ses usages domestiques. J'ai vu même que lorsqu'on avait la précaution de nettoyer de temps en temps les canaux et les réservoirs et de diriger l'eau des orages dans les mares où l'on abreuve les bestiaux, pour ne recevoir dans les citernes que l'eau de pluie, après que les toits sont bien lavés, cette eau se conservait toute l'année, et formait une boisson aussi saine que fraîche et agréable.

L'eau des mares fait la seule ressource pour abreuver les bestiaux dans plusieurs localités, et lorsqu'elles tarissent pendant l'été, on est souvent obligé de conduire les animaux à de grandes distances pour leur procurer une boisson nécessaire.

Le sol des mares doit être pavé pour obvier aux filtrations dans la terre et retarder l'altération de l'eau.

Malgré toutes les précautions qu'on peut prendre pour conserver l'eau des mares dans sa pureté, il est presque impossible d'empêcher

qu'elle ne se détériore ; les excrémens des animaux, la malpropreté de leurs pieds et les
plantes qui s'établissent dans les eaux stagnantes en changent bientôt la couleur et la
nature. Ces eaux deviennent vertes, épaisses
et rebutantes pour l'homme : heureusement
que les animaux sont moins délicats et qu'ils
s'en accommodent très-bien ; on peut même
ajouter que lorsqu'ils y sont habitués ils les
préfèrent à des eaux plus limpides et moins
chargées de matières étrangères. Ces eaux produisent rarement de mauvais effets ; la fiente
qui y est mêlée ne s'y corrompt qu'à la longue ;
les plantes qui y croissent les assainissent, et
l'on voit très - rarement s'en exhaler cette
odeur fétide qui accompagne la putréfaction.

Le plus grand inconvénient de l'eau de
mare, c'est qu'elle n'est pas défendue de la
chaleur atmosphérique, et que sa boisson,
pendant l'été, n'est pas du tout rafraîchissante.

L'habitant des campagnes sort difficilement
du cercle tracé par ses habitudes, il s'occupe
peu d'améliorer ses boissons et ses alimens,
il les prend tels que la nature les lui donne ;
cependant il peut, à peu de frais et sans beau-

coup de soins, rendre sa boisson d'eau plus saine et plus agréable.

Souvent l'eau dont on fait usage est trouble et chargée de terre, quelquefois elle a de l'odeur : pour corriger ces deux vices, il ne s'agit que de la filtrer à travers le charbon : à cet effet, on a un tonneau dont on enlève un des fonds, et qu'on place dans le lieu le plus frais de la ferme; on forme dans le fond une couche de sable, sur laquelle on en établit une seconde de charbon pilé : un double fond, percé de petits trous doit être établi sur ces couches; le tonneau, ainsi disposé, est rempli immédiatement de l'eau sale que l'on veut clarifier. On retire l'eau filtrée par le moyen d'un robinet placé au-dessous du lit de sable; l'eau s'épure et devient limpide et inodore en traversant les couches de sable et de charbon. L'entretien de cet appareil exige peu de soin, il ne faut que remplacer le charbon ou le bien laver lorsqu'il commence à ne plus produire le même effet.

Lorsque l'habitant des campagnes travaille aux champs pendant l'été, il est exposé à boire de l'eau chaude, qui l'affaiblit et provoque la sueur : il lui suffirait, pour avoir constamment de l'eau fraîche, de la porter dans des vases de terre poreux, dont la surface serait constamment humectée par la transsudation du liquide à travers les parois. L'évaporation continuelle que le soleil produit en agissant sur l'eau qui suinte, rafraîchit celle de l'intérieur : c'est ainsi que les Espagnols se procurent de l'eau fraîche dans les temps les plus chauds, en la mettant dans leurs *alcarasas*, qu'ils exposent au soleil à des courans d'air.

La bonne eau est sans contredit la boisson la plus saine et la plus digestive qu'on connaisse ; mais l'homme a contracté presque partout l'habitude des boissons fermentées, et cette habitude est devenue pour lui un besoin. La privation de ces liqueurs lui ôte son courage, énerve ses forces et le rend moins propre au travail.

La meilleure des boissons fermentées est le vin ; mais l'ouvrier a rarement le moyen d'en faire sa boisson journalière, excepté dans les pays de grands vignobles, où le bas prix du vin ordinaire le rend d'un usage commun. Il faut donc y suppléer par-tout ailleurs par d'autres liqueurs qui produisent à-peu-près le même effet, et c'est ce qu'on a déjà obtenu en faisant fermenter les grains, les fruits, le lait, la sève des arbres, etc., dont le produit forme une grande variété de boissons en Europe, et dont quelques-unes sont devenues un grand objet de consommation et de commerce.

Le paysan de plusieurs de nos contrées a déjà pris l'habitude de préparer ses boissons par la fermentation de plusieurs de ces substances : il importe au bien-être de tous d'étendre et de perfectionner ces procédés, c'est le seul but que je me suis proposé.

Je me bornerai à indiquer des méthodes qui soient d'une facile exécution, et je ne prescrirai que l'emploi des matières qui sont par-tout sous la main de l'agriculteur.

Tous les fruits mucilagineux ; tous les fruits charnus à noyau, à l'exception de ceux qui donnent de l'huile ; toutes les graines qui contiennent du gluten, du sucre et de l'amidon, sont susceptibles de subir la fermentation spiritueuse ou alcoolique.

Lorsque les fruits contiennent beaucoup de suc, il suffit de l'en exprimer et de l'exposer à une température convenable, pour déterminer la fermentation ; presque partout on se borne à écraser, à broyer les fruits, et on fait fermenter le marc et la pulpe avec le suc : c'est ainsi qu'on traite les pommes, les poires, le raisin, les cerises, etc.

Mais lorsque les fruits sont peu succulens et qu'ils contiennent néanmoins du sucre et du mucilage, ou lorsqu'on les a fait sécher pour mieux les conserver, on emploie l'eau pour délayer ou dissoudre les principes fermentescibles. On peut ranger dans cette classe les fruits du sorbier, du cornouiller, du néflier, de l'arbousier, du mûrier, du troëne, du genévrier, de l'azerolier, de l'aubépine, du prunelier sauvage, etc., en même temps que les fruits secs du prunier, du figuier et de quelques-uns des arbres ou arbustes dont nous venons de parler.

Pour faire fermenter les graines des céréales, on développe le principe sucré par la germination en les humectant avec de l'eau ; on excite ensuite la fermentation spiritueuse en les submergeant dans ce liquide, dans lequel on délaie de la levure de bière ou du levain de farine de froment. On peut même supprimer l'opération de la germination en pétrissant la farine avec du levain et de l'eau tiède, laissant fermenter pendant vingt-quatre heures et délayant ensuite peu-à-peu la pâte dans l'eau ; la fermentation s'établit en quelques heures et marche régulièrement pendant deux à trois jours.

Comme il s'agit beaucoup moins ici de fabriquer du cidre, du poiré ou de la bière pour la consommation publique, que de composer des boissons saines et peu coûteuses pour le seul usage domestique de l'habitant de la campagne, je me bornerai à ce qui me paraît nécessaire pour atteindre ce but.

Le raisin est celui de tous les fruits qui fournit la meilleure et la plus abondante boisson; mais lorsqu'on la boit pure, elle est peu désaltérante; lorsqu'on en fait un usage immodéré et exclusif, elle énerve les forces. L'habitant des campagnes se compose une boisson vineuse, qui, pour son usage habituel, supplée au vin avec avantage; c'est la *viquette*, à-la-fois tonique et désaltérante.

La piquette se fabrique avec le marc pressé et fermenté du raisin rouge ; l'eau, filtrée à travers le marc, se colore sensiblement et prend quelques faibles apparences d'une liqueur vineuse. C'est déjà une boisson meilleure que l'eau pure, en ce qu'elle est un peu tonique ; mais on peut ajouter à sa qualité en la faisant fermenter.

Comme la piquette ne peut pas se conserver long-temps sans altération, et qu'elle aigrit ou se corrompt aisément, il faut pouvoir la fabriquer dans tous les temps de l'année et en proportion des besoins : à cet effet, après avoir pressé le marc du raisin rouge, on le met dans des tonneaux, on le foule avec soin jusqu'à ce qu'ils soient pleins, et l'on ferme hermétiquement pour que l'air et l'humidité ne puissent pas y pénétrer ; on les place ensuite dans un lieu sec et frais.

Au moment où l'on veut préparer la piquette, on défonce le tonneau, et on y verse de l'eau jusqu'à ce que la masse en soit bien imbibée, et que ce liquide recouvre le marc ; il s'établit une fermentation, qui s'annonce par de légères écumes et se termine au bout de quatre à cinq jours. Dès ce moment, on soutire par le bas pour fournir à la boisson journalière, et on remplace par une égale quantité d'eau qu'on verse par-dessus : de cette manière, un tonneau de marc de la capacité de deux cent cinquante litres peut fournir quinze litres de boisson par jour, et ne cesser de la donner bonne qu'au bout de vingt.

On ne fait pas fermenter le marc des raisins blancs avec le jus, de sorte qu'après avoir exprimé le raisin pour en extraire le suc, qu'on fait fermenter dans des tonneaux, on fait de la piquette avec le marc en y ajoutant la quantité d'eau nécessaire. Cette boisson est plus spiritueuse et se conserve mieux que celle qui provient du marc des raisins rouges qui a déjà subi une première fermentation : aussi la garde-t-on pour s'en servir dans l'arrière-saison.

Si au lieu de verser de l'eau pure sur le marc, comme c'est l'usage par-tout, on délayait un peu de levure dans ce liquide légèrement sucré et chauffé, on obtiendrait une piquette de qualité supérieure : c'est ce que j'ai observé plusieurs fois. A défaut de levure de bière ou de levain de pâte de froment, on peut employer à cet usage les écumes que produit la fermentation du vin, sur-tout celles du blanc, qu'on fait sécher pour les conserver sans altération.

La piquette faite avec soin forme une boisson précieuse pour la santé de l'habitant des campagnes; elle est tonique et désaltérante, et sous ce double rapport elle est préférable au vin pour servir de boisson journalière; mais cette ressource n'est que locale; et dans les pays les plus riches en vignobles, lorsque la récolte vient à manquer, elle y est presque nulle; il faut donc y suppléer par d'autres moyens, et c'est ce qu'on fait par la fermentation des fruits.

Les poires et les pommes sont les fruits les plus précieux pour fabriquer des boissons, parce qu'ils sont les plus abondans : leur mélange produit une liqueur de meilleure qualité pour la santé que lorsqu'on les traite séparément. On peut même y ajouter des prunelles et autres fruits sauvages, parce que leur saveur acerbe communique à la boisson une légère amertume qui la rend plus tonique.

En général, en suivant le procédé connu de la fabrication du cidre et du poiré, on peut faire une excellente boisson avec les pommes et les poires. Ce procédé consiste à les broyer sous des meules et à faire fermenter le marc avec le suc; mais dans les campagnes, où l'on est si peu en état de soigner la conservation des liqueurs, qui se détériorent facilement, il faut des procédés faciles, d'après lesquels on puisse préparer sa boisson à mesure qu'on en a besoin. Je proposerai donc la méthode suivante.

On commence à ramasser les pommes et les poires qui tombent des arbres à la fin du mois d'août; on continue jusqu'à ce qu'elles soient parvenues à leur parfaite maturité : on les coupe par tranches et on les fait sécher au soleil; on termine la dessication en les mettant au four dès qu'on en a retiré le pain : après cela, on les porte au grenier, où elles se conservent sans altération plusieurs années de suite si elles ont été bien desséchées, quoiqu'elles noircissent quelquefois.

Lorsqu'on veut fabriquer la boisson, on

introduit dans un tonneau de la contenance de deux cent cinquante litres, trente kilo-grammes (environ soixante livres) de ces fruits mélangés; on remplit le tonneau d'eau et on laisse cuver pendant quatre à cinq jours: on soutire alors la liqueur fermentée pour la donner en boisson.

Cette liqueur est fort agréable au goût; mise en bouteilles, elle fermente encore et fait sauter le bouchon comme le Champagne mousseux.

Cette boisson, quoique saine et agréable, peut devenir encore plus propre à conserver la santé des habitans de la campagne pendant la saison des moissons et de la coupe des foins, en faisant fermenter avec les pommes et les poires un vingtième de sorbes ou cormes séchées de la même manière, et un trentième de graines de genièvre: la liqueur prend alors une légère amertume et un goût de genièvre, qui à sa vertu rafraîchissante réunit celle d'être tonique et antiputride.

L'usage de cette boisson est un des plus sûrs moyens qu'on puisse employer pour garantir l'homme des champs des maladies qui l'accablent en automne, et que préparent des travaux forcés pendant les grandes chaleurs.

Après qu'on a soutiré la liqueur spiritueuse, on peut tirer encore parti du marc qui reste dans le tonneau et en former une piquette agréable : il suffit de l'écraser et de remplir le tonneau d'eau tiède, dans laquelle on a délayé un peu de levure; la fermentation s'établit en peu de temps et elle est terminée en trois ou quatre jours. On aromatise cette liqueur pour la rendre plus saine et plus tonique, en y ajoutant, avant la fermentation, une poignée de verveine, trois ou quatre livres de baies de sureau et de la graine de genièvre.

Les cerises et sur-tout les merises qu'on écrase et qu'on fait fermenter dans des tonneaux comme le moût du raisin, pressées ensuite pour séparer le suc du marc, fournissent une boisson très-spiritueuse.

On peut distiller le vin provenant des merises et en retirer une excellente liqueur, qui, sans être aussi parfaite que le bon kirchwasser de la forêt Noire, se vend dans le commerce sous le même nom et fait une précieuse boisson (*).

Les sorbes ou cormes séchées au four et mises dans un tonneau qu'on remplit d'eau dans la proportion de huit à dix kilogrammes de fruit par cent litres de liquide, donnent, après quatre à cinq jours de fermentation, une bonne boisson.

On fait fermenter de la même manière les prunes et les figues desséchées au soleil ou au four.

Il convient même, comme je l'ai déjà dit, de mêler ensemble plusieurs de ces fruits pour rendre les boissons plus saines et plus agréables : on corrige, par ce moyen, les défauts des uns par les qualités des autres : c'est ainsi que quelques poignées des fruits rouges du sorbier des oiseleurs font disparaître la fadeur et la saveur douceâtre de certains fruits.

Dans nos campagnes, on ramasse avec soin

(*) Je connais un propriétaire intelligent qui, sans se déranger de ses autres occupations d'agriculture, fabrique chaque année pour deux à trois mille francs de cette liqueur. Les paysans lui portent les merises, et il leur cède la moitié du produit de la distillation.

les graines de genièvre pour les faire fermenter dans la proportion de quinze kilogrammes sur cent cinquante litres d'eau; la boisson qui en provient est une des plus saines qu'on puisse se procurer; mais son goût et son odeur exigent de la part du consommateur un peu d'habitude que l'on contracte au reste très-aisément, et à tel point, qu'on la préfère bientôt à toutes les autres (*).

L'usage du genièvre est si sain, que je ne saurais trop recommander d'en mêler plus ou moins à tous les fruits qu'on fait fermenter: il suffit, dans beaucoup de cas, pour masquer la saveur et l'odeur de plusieurs boissons, qui, sans être malsaines, sont ou fades ou mielleuses, ou désagréables.

On peut mêler aussi avec tous les fruits d'une saveur douceâtre les écorces d'oranges ou de citrons, quelques plantes aromatiques, la racine d'angelique, les feuilles de pêcher, etc.

(*) On traite à-peu-près de la même manière les fruits du néflier, du prunellier, de l'azerolier, de l'aubépine, de l'arbousier, du cornouiller, du troëne, etc. ; mais les boissons qu'ils fournissent ne valent pas celles dont nous venons de parler et ne servent qu'à la classe la plus pauvre du peuple des campagnes.

Tout cela relève la saveur des liqueurs fermentées, les rend plus toniques, plus forti-
fiantes et beaucoup plus propres à maintenir
les forces et à prévenir les maladies.

La partie de l'œnologie que je traite en ce
moment est encore à son enfance; mais je ne
doute pas qu'en y appliquant les vrais principes de la science, et en n'employant que les
seuls produits que la nature nous donne
abondamment sans culture et sans frais, on
ne parvienne à procurer, sur tous les points
du globe, à l'habitant des campagnes, des
boissons variées, plus saines, plus désaltérantes et plus agréables que ces petits vins
provenant de raisins verts et dont la fermentation a été très-imparfaite.

Je me suis borné à n'indiquer ici que des
méthodes faciles, et à n'employer que les
substances que le paysan a sous la main;
mais si l'on voulait se procurer des boissons
plus spiritueuses que celles qu'on obtient par
la fermentation des fruits seuls, on pourrait
dissoudre quatre à six livres de sucre de la
dernière qualité dans vingt à quarante litres
d'eau tiède, et verser cette dissolution dans

le tonneau au moment où on le remplit (*). On pourrait encore y ajouter quelques livres de raisins secs.

Indépendamment des fruits, la sève de plusieurs arbres offre encore des ressources pour fabriquer des boissons. En Allemagne, en Pologne et dans une partie de la Russie, dès que les chaleurs commencent à imprimer du mouvement à la sève du bouleau, on fait au tronc avec une vrille un trou de deux à trois pouces de profondeur; on y introduit une paille, et on reçoit dans un vase le suc clair et sucré qui en découle. Ce suc fermente au bout de quelques jours et donne une liqueur piquante que les habitans boivent avec plaisir; ils la regardent comme très-propre à combattre les affections des reins et de la vessie, les embarras de l'estomac, etc. Un seul arbre peut fournir de la boisson à trois ou quatre personnes pendant une semaine. Les Indiens de la côte de Coromandel fabriquent leur *calou* avec la sève du cocotier; les sauvages de l'Amérique préparent leur *chica*

______

(*) On suppose que la contenance du tonneau est de deux cent cinquante litres.

avec le suc du maïs; les nègres du Congo composent leur boisson avec la sève du palmier.

Il n'est pas douteux que la sève de tous les arbres, lorsqu'elle est douce et sucrée, ne puisse donner des boissons spiritueuses; mais je borne là mes citations parce que nos fruits, et nos grains nous offrent assez de ressources.

Depuis un temps immémorial on fabrique, par la fermentation de l'orge et du seigle, une boisson qui remplace le vin, pour l'usage du peuple, dans presque tous les pays où la vigne ne peut pas prospérer; et dans ceux où le vin se fabrique avec abondance, l'usage de la bière y est encore assez étendu, par rapport à sa vertu désaltérante et nutritive qu'elle possède à un haut degré.

Quoiqu'on puisse fabriquer de la bière en petit et dans les proportions du seul besoin domestique, je ne m'occuperai pas de cet objet, parce qu'il exige des soins qui sont au-dessus de la portée du paysan, et qu'il faut des ustensiles qu'il ne possède pas : je me bornerai à indiquer des procédés plus simples quoique plus imparfaits, mais toujours suffisans pour obtenir, par la fermentation des grains, des boissons très-saines.

Dans toute l'étendue des vastes états de la Russie, on prépare une liqueur appelée *kwas*, qui fait presque la seule boisson du peuple, et que ne dédaignent pas les propriétaires les plus riches : on la regarde comme étant très-saine et très-nourrissante.

M. Percy, chirurgien en chef de nos armées, nous apprend que les soldats français, accoutumés aux vins et à la bière des contrées méridionales, éprouvèrent d'abord quelque répugnance à user de la boisson du kwas, mais qu'ils s'y habituèrent bientôt, et qu'ils avaient fini par l'aimer beaucoup et par la fabriquer eux-mêmes. Ils avaient éprouvé qu'elle les fortifiait, les engraissait et les préservait des maladies.

Pour fabriquer le kwas, on prend le dixième du seigle qu'on veut employer à l'opération, on le fait tremper dans l'eau pour ramollir le grain, et il est ensuite déposé en couches minces sur des planches dans un endroit chaud pour le faire germer; on a l'attention de l'humecter de temps en temps avec de l'eau tiède.

On mêle ce seigle germé avec dix fois son poids du même grain qu'on a réduit en farine ; on délaie le tout dans dix litres d'eau bouillante, et on met le vase dans le four après en avoir extrait le pain, ou bien on l'expose à une chaleur équivalente pendant vingt-quatre à trente heures ; lorsqu'on chauffe le four tous les jours, on retire cette liqueur pour faire la fournée de pain, et on l'y remet après qu'on a défourné.

Après cette première opération, on étend la matière en y versant peu-à-peu quarante litres d'eau dont la température soit de douze à quinze degrés ; ce mélange est brassé pendant demi-heure et on laisse reposer.

Dès que le dépôt s'est formé et que la liqueur s'est un peu éclaircie, on la verse dans un tonneau, où la fermentation s'établit et se termine en quelques jours. Le tonneau est ensuite transporté dans la cave, où le kwas s'épure et s'éclaircit. On peut le boire en cet état, et c'est ce que fait le paysan russe ; mais lorsqu'on veut l'améliorer, on le transvase dans des cruches, du moment qu'il a formé son dépôt dans le tonneau, et on le conserve encore quelque temps dans ces vases, où il se clarifie : alors on peut le tirer au clair et le mettre en bouteilles.

Le kwas préparé de cette manière a une saveur vineuse et un goût piquant qui n'est pas désagréable ; la couleur en est louche et un peu blanchâtre tirant sur le jaune.

Il serait facile de corriger toutes les imperfections du kwas, en ajoutant aux matériaux de la fermentation des pommes ou des poires sauvages, et sur-tout des baies de genièvre. On devrait soutirer plusieurs fois de dessus sa lie la liqueur fermentée, et la clarifier par les procédés qui sont en usage pour nos vins.

Les divers dépôts qui se forment pendant la fabrication du kwas sont une véritable drêche qui nourrit et engraisse les animaux.

J'ai éprouvé moi-même qu'en plaçant le tonneau qui doit servir à la fabrication du kwas dans un lieu où la température est entre dix-huit et vingt-deux degrés, on peut simplifier l'opération que je viens de décrire et obtenir de meilleurs résultats.

Je délaie la farine et le seigle germé dans de l'eau tiède à vingt-cinq degrés, de manière à en former une bouillie; le lendemain, je la verse dans le tonneau, et y ajoute de l'eau tiède entre vingt et vingt-deux degrés; on agite la liqueur en remuant le tonneau avec force à mesure qu'on y verse l'eau tiède, pour bien mêler et diviser ce qu'il contient; on laisse un vide dans le tonneau d'environ le sixième de sa capacité. Pendant trois jours, on agite le tonneau une fois par jour; après cela, on laisse reposer; au bout de cinq à six jours, la fermentation est terminée. Il ne s'agit ensuite que de clarifier d'après les procédés que j'ai indiqués.

Dans plusieurs pays du Nord, on prépare encore une boisson très-recherchée par le peuple, en faisant fermenter des racines dans des tonneaux défoncés, dans lesquels on les met entières ou coupées par tranches : celle que fournissent les betteraves est très-estimée.

Ces boissons sont saines, désaltérantes et nutritives; mais leur couleur blanchâtre, et la saveur acide détourneront pendant long-temps l'habitant de nos campagnes d'en faire usage. Dans un pays où l'on trouve abondamment et à bas prix du vin, de la piquette, de la bière, du cidre, etc., on ne parviendra à faire contracter l'habitude d'une nouvelle boisson qu'autant qu'elle se rapprochera de celles-ci par la saveur, et qu'elle sera d'une fabrication facile et peu dispendieuse.

C'est pour cela que j'ai cherché à améliorer la boisson qu'on peut se procurer à bas prix par la fermentation du grain des céréales.

Je mets dans un cuvier cinquante kilogrammes de seigle ou d'orge, je verse de l'eau par-dessus, de manière qu'elle recouvre ces grains de trois à quatre pouces ; après quatre à cinq heures, je brasse avec soin ; et, par le moyen d'une pelle, je porte et amoncèle le grain dans la partie du cuvier opposée à l'ouverture qui est pratiquée au bas, et qui est fermée avec une broche.

J'ouvre le trou pour faire couler l'eau ; et lorsque le grain est bien égoutté, je ferme l'ouverture et verse dans le cuvier de la nouvelle eau pour recouvrir la couche ; le grain se gonfle, et deux à trois jours après on peut l'écraser en le pressant légèrement entre les doigts.

Dans cet état, on fait écouler l'eau et l'on place le grain humide sur le pavé ou sur des planches pour le faire germer. D'abord, on le met en monceaux; et lorsque la masse s'est échauffée, ce qui a lieu au bout de vingt à vingt-cinq heures, selon la température, on l'étend en couches de deux à trois pouces d'épaisseur.

Toutes les fois que la couche s'échauffe, on la remue à la pelle : on renouvelle cette opération de six en six heures, et plus souvent si la chaleur se développe dans la masse.

Presque toujours dès le second jour, on voit paraître un point blanc à un des bouts du grain, qui annonce le premier développement de la radicule; peu de temps après, la plumule se montre à l'autre extrémité.

Alors on arrête la germination, et même plus tôt si la radicule s'est allongée d'une ligne à une ligne et demie, ce qui arrive souvent avant que la plumule sorte.

On étend la couche très-mince, on remue

souvent à la pelle; on expose le grain au soleil, et à défaut on le porte dans un lieu chaud, pour faire périr les germes.

Le malt étant ainsi préparé, on le met dans un cuvier, et on verse dessus peu-à-peu de l'eau à 4o degrés de température, en le pétrissant et exprimant avec les mains à mesure qu'on ajoute de l'eau. On opère de la sorte jusqu'à ce que la chaleur soit tombée à vingt-cinq degrés : alors le malt se trouve converti en une bouillie ou pâte molle, qu'on couvre avec une couverture et qu'on laisse en repos pendant une demi-heure.

Immédiatement après, on verse de l'eau bouillante sur la pâte, on agite et brasse avec soin ; on continue jusqu'à ce que la chaleur soit tombée à cinquante degrés.

On couvre alors le cuvier, et on laisse reposer pendant trois ou quatre heures, après lesquelles on découvre le cuvier, et l'on agite de temps en temps, pour que la chaleur descende au vingtième degré. La consistance du liquide doit être de sept à huit degrés à l'aréomètre ou pèse-liqueur.

Dans cet état, on y met le levain délayé

dans de l'eau tiède, et on agite à mesure qu'on le verse (*).

La température du lieu où se fait la fermentation doit être de vingt à vingt-cinq degrés.

La fermentation s'annonce une ou deux heures après qu'on a mis le levain; lorsque les premières opérations ont été bien conduites, elle se termine en deux ou trois jours.

On recouvre le cuvier pour que la liqueur dépose et se clarifie.

Deux jours après, on met en tonneaux, et on traite ensuite cette liqueur comme le vin.

Cette liqueur forme une boisson très-saine, un peu aigrelette et de couleur opale.

On peut l'améliorer en faisant fermenter avec elle, dans le cuvier, du marc de raisin, sur-tout de raisins blancs.

(*) Le levain est celui de farine ou de bière. On en proportionne la quantité à celle du grain qu'on a employée.

CHAPITRE XV.

DES HABITATIONS RURALES POUR LES HOMMES ET LES ANIMAUX, ET DES MOYENS DE LES ASSAINIR.

Les bords des rivières, la proximité d'une fontaine et la fertilité du sol ont déterminé l'emplacement des premières habitations.

L'industrie des habitans et l'abondance des productions les ont peu-à-peu multipliées sur le même point, et la population n'a pas tardé à se diviser en deux classes, dont l'une s'est livrée exclusivement à la culture de la terre, et l'autre à fabriquer et à fournir à l'agriculture tous les objets dont elle a besoin pour ses travaux.

Les bâtimens ruraux ne doivent présenter aucun luxe; leur perfection consiste à fournir une habitation saine aux hommes et aux animaux de la ferme, et à loger convenablement les produits des récoltes.

Ces deux conditions sont rarement remplies. Ici, les hommes et les animaux sont souvent entassés dans des endroits humides, peu aérés, où ils contractent des maladies sans nombre; là, les récoltes sont sans garantie contre les animaux destructeurs, et le paysan voit dévorer le fruit précieux de ses sueurs sans pouvoir y porter remède.

Je ne m'engagerai point dans les détails des constructions rurales, assez d'autres s'en sont occupés. Il est difficile de prescrire des dispositions à ce sujet, elles doivent varier selon les localités, la nature des matériaux, les espèces d'animaux qui peuplent une ferme, la différence des climats, la fortune des habitans, etc.

L'art de construire et celui de disposer les bâtimens d'une manière convenable ne sont pas ceux sur lesquels le propriétaire rural a le plus besoin d'instruction; mais ce qui regarde la salubrité de l'habitation et les moyens de l'assainir quand elle est infectée, doit trouver ici sa place, parce que l'agriculteur est presque par-tout étranger à ces connaissances.

Le choix de l'emplacement le plus convenable à l'habitation n'est pas aussi facile à déterminer qu'on peut le croire; le bâtiment rural devrait être constamment placé au centre de la propriété, pour éviter la perte de temps dans les transports et diminuer la fatigue des animaux: ce choix de l'emplacement rendrait en même temps la surveillance plus facile.

Indépendamment de cette considération, les bâtimens de la ferme doivent occuper la partie du sol la plus saine, celle dont le terrain est le moins précieux, où les eaux pluviales ne sont pas stagnantes, et où l'on trouve de la bonne eau pour fournir aux boissons et aux autres usages domestiques.

Il est souvent bien difficile de réunir tous ces avantages; mais il en est un auquel on doit sacrifier tous les autres, c'est la salubrité.

Une habitation rurale établie sur un sol constamment humide, ou dans un lieu bas dominé de tous côtés par des hauteurs, est toujours malsaine; les exhalaisons qui se forment deviennent stagnantes, et l'habitant est continuellement plongé dans une atmosphère humide, qui se charge et se corrompt par les émanations animales et celles que fournissent toutes les substances qui pourrissent dans le voisinage d'un domaine.

La plupart des maladies qui affligent les habitans des campagnes proviennent de l'humidité de leurs habitations.

Lorsque les localités ne permettent pas d'établir les bâtimens sur un terrain sec et bien aéré, il faut au moins corriger le vice de la position par des précautions et des dispositions qui atténuent le mal : on y parviendra en bâtissant sur des caves la partie de l'édifice destinée à loger les hommes, et en pratiquant d'assez grandes ouvertures dans les habitations pour que l'air se renouvelle et circule librement.

Ces précautions fondamentales et de premier établissement ne suffisent pas; il en est de tous les jours, de chaque instant, qui sont indispensables pour entretenir la salubrité : il faut donner de l'écoulement aux eaux stagnantes, pratiquer des fossés pour dessécher le sol, et transporter loin de l'habitation toutes les matières susceptibles de putréfaction.

L'humidité constante qui règne dans une habitation est un fléau pour la santé et un agent destructeur de tous les objets qui sont employés dans un ménage, tels que les vivres, les vêtemens, etc. Cette cause suffit souvent pour ruiner une famille.

Lorsqu'on est assez malheureux pour être condamné à habiter des lieux aussi malsains, il faut au moins employer des moyens qui puissent tempérer les mauvais effets de l'humidité. Indépendamment de ceux dont nous venons de parler, on doit n'établir sa demeure de jour et de nuit que dans les endroits où l'on fait constamment du feu; il serait même avantageux de brûler de temps en temps un peu de paille dans le milieu des pièces qu'on habite, pour en purifier et renouveler l'air.

La plus grande propreté doit être observée dans l'intérieur de ces habitations; on n'y laissera aucun objet qui soit susceptible de se décomposer; on frottera avec soin, de temps en temps, les murs, les planchers et les meubles, pour enlever l'humidité dont ils s'imprègnent si aisément : avec ces précautions, on peut rendre l'habitation moins malsaine.

La demeure des animaux se vicie encore plus aisément que celle des hommes, parce que, presque nulle part, on ne calcule l'espace et l'étendue de terrain qu'il faut leur donner pour que la respiration y soit libre, et que la chaleur qu'ils produisent ne soit pas trop élevée. Dans la plupart des campagnes, on les entasse dans des grottes peu aérées, où l'urine et les excrémens pourrissent toute l'année, où il se forme une atmosphère humide et brûlante : on n'extrait les animaux de ces cloaques infects, sur-tout pendant l'hiver, que pour les conduire à l'abreuvoir : est-il étonnant qu'en employant si peu de soins, la mortalité des animaux soit aussi considérable dans nos campagnes?

Les bêtes à laine ne craignent point le froid, il suffit de les abriter sous des hangars pendant l'hiver. Dans des pays aussi froids et plus humides que la France, on les fait parquer presque toute l'année.

Comme les bestiaux font la richesse principale d'un domaine, il convient de soigner leurs habitations; les nombreuses maladies qu'ils éprouvent, sur-tout celles qui sont contagieuses et qui trop souvent dépeuplent un domaine, proviennent ordinairement du peu de soins qu'on apporte à entretenir les étables et les bergeries dans un état de propreté convenable. Les émanations qui s'élèvent de toutes les parties du corps de ces animaux se mêlent aux exhalaisons putrides que produit la décomposition de leurs excrémens, et il en résulte une putréfaction qui vicie l'air et fournit le germe de plusieurs maladies.

On pourrait prévenir ces causes de contagion en purifiant, de temps en temps, l'air infect des étables et des bergeries par des procédés simples, déjà avantageusement employés pour assainir les prisons et les hôpitaux.

Ces procédés se réduisent à ce qui suit :

Pour que l'habitation des animaux soit saine, il faut d'abord qu'elle soit spacieuse, afin que la respiration y soit libre et que les bêtes puissent y prendre toutes les positions possibles. Il faut qu'elle soit bien aérée, pour que l'air y circule et se renouvelle facilement:

on doit donc y pratiquer des ouvertures qui se correspondent, afin qu'il puisse s'établir des courans qui en renouvellent l'air respirable, portent au dehors les exhalaisons animales et celles qui se développent par la fermentation des urines, des fumiers, des litières, etc.

Pour assainir les habitations des bestiaux, il importe beaucoup d'en paver le sol, en observant de donner une légère pente qui permette l'écoulement des urines dans un réservoir, et d'élever le pavé un peu au-dessus du sol extérieur.

Il convient de frotter de temps en temps les crèches avec une faible lessive de cendres, et de passer, chaque année, une couche de lait de chaux sur les murs.

Lorsqu'on ne veut pas paver le sol des bergeries ou des écuries, il faut enlever, au moins plusieurs fois dans l'année, la couche de terre qui a été imbibée d'urine, pour la porter dans les champs, et la remplacer par des gravois, des terres de salpêtrier ou autres matières sèches et poreuses.

Il ne faut pas laisser croupir trop long-temps dans leurs habitations les animaux qui sont accoutumés à paître dans les champs; l'ennui les dévore, et l'air se corrompt par un séjour trop prolongé dans ces demeures.

Il est peu de jours dans l'année qui ne permettent pas de les faire sortir pendant quelques heures, sur-tout si l'on considère que les froids les plus rigoureux ne nuisent point à leur santé. Du moment que ces animaux ont évacué la bergerie, il faut en ouvrir soigneusement les portes et les fenêtres pour en renouveler l'air.

Il est des pays où l'on ne connaît pas l'usage des litières de paille, il en est d'autres où on laisse pourrir cette litière jusqu'à ce qu'elle soit presque complétement décomposée : ces deux méthodes sont vicieuses et concourent également à l'insalubrité des bergeries. La litière doit être renouvelée au moins tous les mois, et dès qu'elle est salie à la surface, il faut la recouvrir d'une couche fraîche, jusqu'à ce qu'on l'enlève en entier. Dans les bergeries où l'on n'emploie pas de litière, il faudrait nettoyer le sol presque tous les jours pour éviter la malpropreté et l'infection.

Un autre usage non moins pernicieux, c'est celui d'amonceler les fumiers dans un coin de la bergerie ou des écuries, au lieu de les porter au dehors. Par cet usage, on peut obvier, jusqu'à un certain point, à la malpropreté locale; mais on ne corrige pas l'infection, qui est aussi funeste.

Il arrive souvent que, faute de soins, il s'établit et se développe des maladies contagieuses dans les bergeries et les écuries : le premier remède qu'on doit apporter à ces maux inhérens à la localité, c'est celui d'enlever tous les animaux pour les placer ailleurs, et de séparer les malades de ceux qui ne sont pas attaqués, afin de les traiter séparément.

Il ne s'agit plus alors que d'assainir l'habitation, on y procède de la manière suivante :

Après avoir enlevé la litière, on lave le pavé, et, à défaut, on creuse le sol, pour en extraire tout ce qui a pu être pénétré par les miasmes ou l'urine des animaux; ensuite on fait brûler du soufre à plusieurs reprises dans toutes les parties de l'enceinte, de manière que les vapeurs pénètrent dans tous les coins et y séjournent; après cela, on blanchit les murs et les plafonds à plusieurs couches avec du lait de chaux, et, au bout de quelques jours, les animaux peuvent être rétablis sans crainte dans cette demeure.

Au lieu des fumigations sulfureuses, on peut employer celles du chlore (acide muriatique oxigéné), comme plus énergiques; à cet effet, dans une terrine qui puisse résister au feu, on met deux onces d'oxide de manganèse bien pulvérisé, sur lequel on verse dix onces d'acide muriatique concentré au degré du commerce; cette terrine se place alors sur un réchaud, dans lequel on entretient quelques charbons ardens; il ne tarde pas à se former des vapeurs d'un jaune verdâtre, à la surface du mélange : ces vapeurs très-piquantes et presque suffocantes, se répandent dans toute l'enceinte et détruisent les miasmes. Pour mieux assurer l'effet, on peut disposer plusieurs réchauds dans la même enceinte, et établir ainsi plusieurs foyers de désinfection.

Avant de procéder aux fumigations, on doit fermer avec soin les portes et les fenêtres, pour que les vapeurs restent dans l'intérieur et agissent plus efficacement. Les personnes qui servent les réchauds doivent se retirer, pour aller respirer le grand air, dès que les vapeurs commencent à porter de la gêne dans leur respiration.

Souvent les animaux croupissent entassés dans des lieux bas, peu éclairés et mal aérés : ici, l'humidité et les exhalaisons animales contribuent à vicier l'air et à rendre la demeure malsaine. On peut remédier à cet inconvénient, 1°. en plaçant dans des terrines un peu élevées au-dessus du sol quelques pierres de chaux, qui ne tardent pas à se diviser et à effleurir, et qui absorbent l'humidité et l'acide carbonique produits par les animaux : cette chaux ainsi éteinte à l'air peut ensuite servir à blanchir les murs et à d'autres usages ; 2°. en produisant une flamme très-vive par la combustion de la paille ou d'un bois mince et très-sec, et ayant la précaution d'enlever le résidu du foyer, dès que la combustion est terminée : par ce dernier moyen, on renouvelle tout l'air intérieur.

J'ai employé plusieurs fois ces diverses méthodes, et je me suis constamment applaudi de leur succès.

CHAPITRE XVI.

LESSIVE ÉCONOMIQUE.

Dans l'intérêt de l'agriculture, aucune question ne peut paraître minutieuse dès qu'il s'agit de porter de l'économie ou d'ajouter un perfectionnement à des procédés qui s'exécutent journellement dans les ménages ruraux : c'est cette considération qui m'a déterminé à traiter de la lessive domestique.

Toutes les opérations du lessivage ont pour objet de dissoudre et d'enlever de dessus le linge les taches qui le salissent.

Les taches d'huile ou de graisse et celles qui sont produites par la sueur ou la transpiration animale, sont les plus communes : on peut les dissoudre par les alcalis, le savon et les argiles. Celles qui proviennent de l'encre ou du suc de quelques fruits exigent d'autres procédés.

On ne peut employer les matières alcalines que lorsqu'on doit décrasser des tissus de chanvre, de lin ou de coton; ceux de soie et ceux de laine seraient détruits ou au moins altérés par ces substances.

Avant d'entrer dans le détail des opérations du lessivage, je crois utile de signaler un abus qui concourt puissamment à user le linge dans les campagnes.

Dès que le linge est sale, on l'amoncèle dans un coin de l'habitation, et on attend qu'il y soit en quantité suffisante pour fournir à une opération de lessive. Ce linge, imprégné d'émanations animales et souvent humides, s'échauffe, fermente; son tissu s'altère et se corrompt. Il se détériore beaucoup plus dans cet état que par l'usage qu'on en fait comme vêtement.

Pour obvier à cet inconvénient, il faut conserver le linge sale dans un lieu sec, et l'étendre sur des cordes pour qu'il reçoive l'air de toutes parts, qu'il se dessèche et ne puisse ni s'échauffer ni s'humecter.

La ménagère ne prend jour pour faire sa lessive que lorsqu'elle prévoit trois à quatre jours de beau temps; elle sait par expérience que si elle est surprise par la pluie ou par un temps humide, elle sèche très-imparfaitement sa lessive, et qu'elle dépense beaucoup plus en main d'œuvre. D'ailleurs, le linge enfermé plus ou moins humide se moisit et se détériore. Rien n'est plus contraire à la santé que de faire usage de linge qui n'est pas très-sec.

Lorsqu'on a le malheur de rencontrer un temps qui ne permette pas d'opérer une prompte et entière dessication, il faut sécher aux foyers des maisons ou dans des greniers, pour ne plier et n'enfermer jamais le linge humide.

La première opération du lessivage consiste à faire *tremper* le linge : à cet effet, on l'arrange pièce à pièce dans un cuvier; on le recouvre d'un gros drap de toile, et on y verse de l'eau peu-à-peu jusqu'à ce que la totalité baigne dans ce liquide.

Le lendemain, on forme sur la grosse toile qui recouvre le linge une couche de cendres d'égale épaisseur sur toute la surface (*), et on *coule* la lessive.

Pour couler la lessive, on ouvre le robinet ou la cannelle qu'on a placée au fond du cuvier, et on fait passer l'eau dans une chaudière, sous laquelle on entretient un feu égal.

Dès que l'eau est tiède, on commence à la verser peu-à-peu sur la couche de cendres; on continue cette manœuvre sans interruption, en laissant couler continuellement la lessive du cuvier dans la chaudière pour remplacer celle qu'on jette sur les cendres.

Le linge s'échauffe peu-à-peu, la lessive devient plus active; et lorsque la chaleur du liquide qui coule dans la chaudière est portée à un degré voisin de celui de l'eau bouillante, on arrête l'opération.

On laisse le linge dans le cuvier, pour que la lessive s'écoule; après cela, on le porte au lavoir.

(*) On ajoute presque par-tout de la potasse ou de la soude aux cendres, afin que la lessive soit plus active; il y a même des personnes qui y mêlent de la chaux, pour rendre l'alcali plus caustique; mais cet usage exige de grandes précautions, pour ne pas *brûler* ou *attaquer* le linge.

L'eau entraîne tout ce qui a été dissous par la lessive alcaline, et à force de savon, de frottemens et de battage, on purge le linge de tout ce qui lui avait résisté.

Presque tous les tissus de chanvre n'ont besoin que d'être bien lessivés, lavés et séchés pour être rendus propres à tous les usages de l'économie rurale, et c'est déjà beaucoup que de ne pas employer le savon, qui forme la dépense la plus considérable; mais dans tous les cas où l'on croit devoir se servir de savon, on peut le remplacer par une liqueur savonneuse infiniment moins coûteuse.

On prend de la soude d'Alicante ou de la soude artificielle contenant trente-cinq à quarante pour cent d'alcali pur; on la concasse en petits morceaux, et on la met dans une cruche ou dans un vase de grès. On verse dessus vingt fois son poids d'eau, on agite de temps en temps pour faciliter la dissolution. La liqueur s'éclaircit aisément; elle a un goût légèrement salé et doit marquer un degré à l'aréomètre de Baumé.

Lorsqu'on veut faire usage de cette liqueur,

on met de l'huile d'olive (*) dans une terrine ; on verse dessus trente à quarante fois son poids de la dissolution alcaline, il en résulte dans le moment une liqueur blanche comme du lait ; on l'agite fortement ; elle mousse comme la dissolution de savon : on en met dans un baquet en l'étendant d'un peu d'eau chaude, et on y trempe le linge, qu'on manie, frotte et tord jusqu'à ce qu'il soit bien dégraissé. Il ne faut mêler la lessive à l'huile qu'à mesure et à proportion qu'on en a besoin.

Lorsque j'ai introduit dans le midi le procédé de blanchir les fils de coton par la vapeur de l'eau alcaline, j'ai présumé qu'on pourrait s'en servir pour lessiver avec économie le linge des ménages, et mes expériences ont confirmé l'espérance que j'avais conçue.

L'appareil dont je me suis servi se compose

____

(*) Les huiles d'olive les plus grossières, celles qu'on connaît, dans le commerce, sous les noms d'*huiles de fabrique*, *huiles de teintures*, *huiles d'enfer*, sont les seules qu'on doive employer. Les huiles fines d'olive ne doivent pas servir à cet usage, parce qu'elles se dissolvent moins bien dans la lessive de soude.

d'une chaudière large de deux pieds et demi à l'ouverture, profonde de dix-huit pouces, et portant un rebord d'un pied sur tout le pourtour.

Lorsque la chaudière est établie sur son foyer, on place sur ses rebords et à cinq à six pouces de distance de l'ouverture un cuvier défoncé par les deux bouts, du diamètre de trois pieds et de quatre de hauteur; on élève la maçonnerie tout autour du cuvier à un pied du niveau de la partie supérieure de la chaudière, et on lie la maçonnerie au cuvier de manière que les vapeurs ne trouvent aucune issue pour s'échapper.

Cela fait, on a un panier dont le diamètre doit avoir cinq pouces de moins que celui du cuvier, et une hauteur d'environ deux pouces et demi de moins. Ce panier est fabriqué en barres cylindriques de bois blanc, laissant un intervalle d'un pouce entre elles et assujetties à des rebords solides dans la partie supérieure et inférieure. Le fond du panier doit être construit avec des barres plus fortes que ne le sont celles des côtés.

On enchâsse ce panier dans le cuvier de

manière qu'il y ait un intervalle de deux
pouces et demi entre eux, et qu'il repose
également sur les rebords de la chaudière,
en laissant toutefois des ouvertures pour que
les vapeurs puissent circuler.

Lorsqu'on veut opérer, on imbibe le linge
dans un baquet avec de la lessive de cendres
ou de soude marquant un à deux degrés; on
le foule avec soin et on le porte dans le panier, en disposant dans le fond et sur les côtés
celui qui paraît le plus sale.

A cet effet, on place trois à quatre tuyaux
de fer-blanc ou de cuivre perpendiculairement sur le fond du panier et à des distances
égales. Ces tuyaux sont percés de petits trous,
dans toute leur longueur et recourbés dans la
partie supérieure. On dispose et l'on arrange
le linge dans le panier, de telle manière que
les tuyaux soient enchâssés jusqu'au haut de
la courbure, qui ne doit pas être recouverte
par le linge.

Dès que l'appareil est ainsi chargé, on
verse par-dessus le linge et peu-à-peu le
reste de la lessive qu'on a fait bouillir.

On recouvre alors l'ouverture de l'appareil

avec de grosses toiles qu'on assujettit avec des planches.

Pendant le temps qu'on garnit l'appareil, la lessive qui imprégne le linge coule dans la chaudière, et on allume le feu du moment que cette liqueur est élevée à quelques pouces au-dessus du fond.

L'ébullition produit des vapeurs, qui se répandent tout autour de la masse de linge, et pénètrent dans son intérieur par les ouvertures des conduits métalliques, de sorte qu'une forte chaleur se répand également par-tout.

On entretient cette ébullition pendant deux à trois heures.

On pourrait craindre que le fond de la chaudière ne fût pas constamment recouvert de lessive ; mais cette crainte n'est pas fondée, attendu que la vapeur qui se condense retombe presque en totalité dans la chaudière et fournit à l'évaporation. D'ailleurs on peut placer un tuyau de cuivre à un pouce au-dessus du fond de la chaudière, en faire sortir l'extrémité en dehors des murs du foyer, et y adapter un tube de verre, à l'aide duquel on jugera toujours de la hauteur du liquide. Si par hasard il arrivait que l'écoulement de la lessive ne suffît pas pour fournir à l'évaporation, on arrêterait le feu et on verserait sur le linge une nouvelle quantité de lessive bouillante.

On retire le linge lorsque la chaleur est tombée, c'est-à-dire huit à dix heures après qu'on a éteint le feu, et on lave avec soin.

C'est par ce procédé qu'en 1802 j'ai lessivé deux cents paires de draps que j'avais pris à l'Hôtel-Dieu de Paris. Les sœurs de l'Hôpital ont jugé que ces draps étaient plus propres et mieux lessivés que par le procédé ordinaire; la dépense, dont on a tenu un compte rigoureux, a été plus faible de trois septièmes que celle qu'on eût faite par la méthode usitée (*).

Lorsqu'il s'agit d'opérer sur du linge fin, on doit préférer de le tremper dans une dissolution de savon, au lieu d'employer la lessive alcaline.

(*) L'appareil avait été établi à la barrière des Bons-Hommes, dans la fabrique de filature des frères Bawens. *Voy*. le volume XXXVIII des *Annales de chimie*, pag. 291.

On blanchit parfaitement le coton en fil par le procédé de la lessive alcaline. S'il arrive que quelques parties aient acquis un blanc moins parfait, il suffit de les exposer sur le pré pendant quelques jours, pour qu'elles prennent la plus belle blancheur.

MM. Cadet-de-Vaux et Curaudau se sont beaucoup occupés de perfectionner et surtout de faire adopter cette méthode de blanchissage, comme étant aussi simple qu'économique; elle est aujourd'hui employée dans plusieurs ménages, et l'on se loue beaucoup de ses avantages.

Les lessives alcalines n'attaquent pas tous les corps qui peuvent former des taches sur nos tissus, il faut donc recourir à d'autres agens pour les enlever.

D'un autre côté, on ne peut pas employer les lessives alcalines pour blanchir les étoffes de laine ou de soie, on en affaiblirait le tissu, et on les dissoudrait par des lessives trop fortes.

Il importe néanmoins de connaître les moyens d'enlever les taches et de dégraisser les vêtemens, de quelque nature qu'ils soient.

Les substances principales qui forment des taches sont les huiles, la graisse, la cire, la sueur, l'encre, la rouille, les sucs des fruits rouges, etc.

Presque aucune de ces matières déposées sur nos vêtemens ne disparaît par le seul lavage à l'eau, quelle que soit sa température; mais chacune d'elles peut être enlevée par des agens spéciaux qui les dissolvent ou les font évaporer: je me bornerai à faire connaître les plus simples, parce que j'écris pour les habitans des campagnes.

Pour enlever une tache de cire, il suffit d'en approcher un corps assez chaud pour en opérer la fusion; elle s'évapore en fumée et il n'en reste bientôt aucune trace.

On peut encore placer entre deux papiers non collés les étoffes salies par des corps gras, et appliquer dessus un fer chaud, tel qu'un fer à repasser; la tache se liquéfie et passe en entier dans les papiers. Quant aux huiles fixes, qui sont bien plus difficiles à volatiliser, on complète l'opération en employant les dis-solvans qui leur sont propres.

Les alcalis sont au premier rang parmi les

dissolvans des huiles, avec lesquelles ils forment des savons solubles dans l'eau; mais les alcalis n'agissent que lorsqu'ils sont voisins de l'état de causticité, ce qui en restreint l'emploi sur un petit nombre d'étoffes : c'est pour cela qu'on préfère les corps qui, quoique moins actifs, peuvent néanmoins se combiner avec les huiles, tels que le savon, les terres blanches argileuses, le fiel des animaux, les jaunes d'œufs, etc.; on mêle et l'on combine souvent ces dernières substances, pour en former des corps solides, qui n'ont pas d'autre destination que de servir à dégraisser les étoffes.

On emploie encore les huiles volatiles pour enlever les corps gras de dessus les habits; on les mêle souvent entre elles, pour leur donner un parfum agréable : c'est ce qu'on connaît sous le nom d'*essences vestimentales*.

Lorsqu'il s'agit d'enlever les taches qui sont formées par des sucs végétaux, l'eau suffit quand elles sont récentes; mais ce liquide est insuffisant dès qu'elles ont vieilli sur les étoffes. On emploie généralement, dans ce dernier cas, l'acide sulfureux ou le chlore (acide muriatique oxigéné).

Le dernier de ces acides détruit les couleurs, et on ne doit s'en servir que pour les étoffes blanches ; on le combine même avec un alcali, afin de lui conserver plus long-temps ses propriétés : c'est alors ce qu'on connaît sous le nom d'*eau de Javelle*. L'acide sulfureux attaque beaucoup moins les couleurs, et on doit le préférer pour les tissus colorés.

De tous les oxides métalliques, il n'en est aucun qui imprime des taches aussi nombreuses et aussi fixes que ceux du fer; la rouille de ce métal et quelques-unes de ses combinaisons, telles que celle de l'encre, déposées sur les étoffes, s'y fixent et forment une couleur solide.

Lorsque le fer est faiblement oxidé, il suffit d'employer des acides faibles pour l'enlever de dessus les tissus. On peut faire disparaître les taches d'encre par les acides sulfurique et muriatique très-affaiblis; mais on préfère la crême de tartre réduite en poudre, dont on recouvre la tache; on humecte cette poudre par l'eau, et on la laisse agir pendant quelque temps; après cela, on frotte avec soin.

Mais lorsque le fer est à un plus haut degré d'oxidation et qu'il forme des taches d'un jaune rougeâtre, ces acides ne suffisent plus, et il faut recourir à l'acide oxalique, qu'on emploie comme la crème de tartre.

On peut remplacer l'acide oxalique par quelqu'une de ses combinaisons, telles que le *sel d'oseille* du commerce; mais l'action est moins prompte et moins parfaite.

CHAPITRE XVII.

DE LA CULTURE DU PASTEL ET DE L'EXTRACTION DE SON INDIGO.

Il y a deux siècles que le pastel (*isatis tinctoria*) était cultivé dans toutes les contrées de l'Europe.

Cette plante est bisannuelle, et sa tige velue et rameuse s'élève à trois pieds de hauteur : elle fournit un excellent fourrage pour les bestiaux pendant l'hiver, attendu qu'elle ne craint pas les gelées.

Mais c'est moins comme fourrage qu'on la cultivait aussi généralement, que pour en former la seule couleur bleu solide qu'on connût avant le dix-septième siècle.

La découverte de l'indigo en a fait restreindre prodigieusement la culture ; elle est bornée aujourd'hui à quelques localités, où la plante est employée à former cette préparation tinctoriale qu'on appelle, dans le commerce, *coques de pastel.*

Je pense fermement qu'on peut redonner à la culture du pastel les développemens et la prospérité dont elle a joui, et qu'elle doit former tôt ou tard une des branches les plus importantes de l'agriculture française : c'est ce qui m'a déterminé à lui consacrer un article spécial dans cet ouvrage.

Je considérerai le pastel sous trois rapports :

1°. Sa culture;

2°. La fabrication des coques avec les feuilles de pastel;

3°. L'extraction de l'indigo.

ARTICLE PREMIER.

De la culture du pastel.

Il paraît qu'à l'exception des terres humides, l'*isatis tinctoria* prospère par-tout : les terres à blé et celles que fournissent les défrichemens sont les plus propres à cette culture; les terrains d'alluvion peuvent fournir de bonnes récoltes; mais les terres fortes sont préférables, pourvu qu'elles ne soient pas trop compactes ni argileuses.

Pour disposer la terre à recevoir la graine de l'*isatis*, il faut au moins trois labours profonds non-seulement pour ameublir le terrain, mais pour détruire les herbes, qui augmenteraient les frais du sarclage et nuiraient à la végétation de la plante. Ces labours doivent être faits à des intervalles de trois semaines ou d'un mois l'un de l'autre. Dans les terres très-fortes et qui retiennent l'eau trop long-temps, on peut tracer d'espace en espace des sillons plus profonds pour en faciliter l'écoulement : sans cela, le séjour de ce liquide nuirait à la plante.

La nature des engrais qu'on emploie à la culture de l'*isatis* influe puissamment non-seulement sur la végétation de la plante, mais encore sur la quantité et la qualité de la matière colorante.

Les fumiers provenant des substances animales ou végétales bien décomposées sont les meilleurs : ainsi les matières fécales putréfiées, le crotin des bêtes à laine, la colombine, les débris de la soie et de la laine, la chrysalide des vers à soie pourrie, tiennent le premier rang parmi les engrais.

Les stimulans, tels que la chaux, le plâtre, le sel marin, la poudrette, les plâtras, les cendres, etc., facilitent la végétation, sans altérer le principe colorant.

Lorsqu'on a fumé une terre avec du fumier de litière, on peut lui faire porter une récolte de blé ou de maïs, et semer ensuite la graine d'*isatis*.

L'époque des semailles de l'*isatis* varie beaucoup en Europe. En Italie, en Corse, dans la Toscane, etc., on sème dans le courant du mois de novembre. Le pastel végète pendant tout l'hiver, dont il ne craint point les froids, et se trouve assez fort en mars et avril pour étouffer les plantes étrangères qui se développent dans cette saison.

Cette plante peut fournir une puissante ressource pour la nourriture des bêtes à cornes pendant l'hiver.

Dans le midi de la France, on sème, dans le courant du mois de mars, et généralement en Angleterre dans le mois de février; enfin il est des pays où l'on sème après la récolte des blés ; mais dans ce cas il faut une saison qui favorise la végétation. Cette méthode ne convient que dans les climats où l'on est sûr que la culture sera secondée par des pluies : on peut alors obtenir deux ou trois récoltes de feuilles avant l'hiver, préparer de bons pacages pour les bestiaux durant les froids, et s'assurer une abondante récolte de feuilles au commencement de l'été.

Avant de semer la graine de l'*isatis*, il convient de la laisser macérer dans l'eau ; elle s'y gonfle, et sa germination est plus prompte.

On sème la graine à la volée, en même quantité que le blé, et on recouvre à la herse ; elle lève au bout de dix à douze jours.

Dès que la plante a poussé cinq à six feuilles, il faut la sarcler avec soin : aucune plante n'exige par sa nature plus de propreté, et il faut répéter le sarclage plusieurs fois avant que d'en cueillir les feuilles. Le but qu'on se propose dans le sarclage est d'arracher toutes les plantes étrangères qui croissent sur le même sol, d'enlever tous les pieds de pastel bâtard (*bourdaigne*), dont le mélange nuirait à la vertu tinctoriale du pur *isatis*, d'éclaircir les rangs des tiges, pour les mieux aérer et faciliter l'accroissement de celles qui restent.

L'isatis a, comme les autres plantes, ses maladies et ses ennemis : on voit quelquefois la surface des feuilles se couvrir de taches jaunes ou de pustules qui brunissent et prennent la couleur de la *rouille*. Les changemens trop fréquens survenus dans l'atmosphère, un soleil chaud qui darde ses rayons immédiatement après les brouillards ou une pluie légère, paraissent produire la rouille : les mêmes causes la déterminent sur beaucoup d'autres plantes.

Il arrive souvent que les grandes chaleurs accompagnées de sécheresse ne permettent pas à la plante de se développer ; ses feuilles n'acquièrent pas le tiers de leur volume ordinaire, elles prennent néanmoins tous les caractères d'une maturité parfaite, mais la récolte est perdue ; car si on coupe les feuilles dans cet état d'imperfection, la plante périt, ou elle languit sans donner de produit.

L'isatis n'est pas à l'abri du ravage des insectes : il en est un qu'on appelle *puce*, qui détruit souvent la première et la seconde récolte des feuilles; un second, connu sous le nom de *pou*, attaque les dernières feuilles; il est par conséquent moins dangereux, parce que les premières récoltes sont les plus riches. Le limaçon et la chenille du chou font encore des dégâts plus ou moins considérables sur les feuilles d'*isatis*.

ARTICLE II.

Préparation des coques de pastel.

Le fabricant des coques de pastel doit avoir l'attention de ne cueillir les feuilles qu'au moment où elles sont les plus riches en indigo

Les feuilles de l'isatis contiennent de l'indigo à toutes les périodes de la végétation; mais le principe colorant ne s'y présente pas avec les mêmes qualités ni en même quantité dans toutes : à mesure que la feuille se développe, la couleur bleue devient de plus en plus intense et foncée; elle est d'un bleu tendre très-agréable dans les jeunes feuilles, d'un bleu plus prononcé dans celles du moyen âge, et d'un bleu tirant sur le noir dans celles qui sont mûres.

L'observation a encore prouvé que la matière colorante des jeunes feuilles s'extrait plus difficilement que celle des feuilles qui avancent vers leur maturité.

Il paraît donc qu'il est avantageux de récolter les feuilles lorsqu'elles ont acquis tout leur développement ; mais à quel signe reconnaître cette maturité ? Les fabricans de coques de pastel se conduisent, à ce sujet, d'après leurs propres observations, lesquelles varient plus ou moins dans les divers pays.

En Angleterre et en Allemagne, on cueille les feuilles lorsqu'elles commencent à s'affaisser ou à devenir pendantes, et que la couleur vert bleuâtre tend à dégénérer en vert pâle.

Dans la Thuringe, lorsque la feuille s'affaisse et qu'elle répand une odeur forte et pénétrante, on se hâte de la cueillir.

En Toscane, on exprime une feuille entre deux linges, et on juge, à la couleur que le suc imprime, si on doit cueillir les feuilles.

Dans les États romains, on reconnaît la maturité dès que la feuille perd de son intensité de couleur et qu'elle tend à blanchir.

Dans le Piémont, on récolte la feuille lorsqu'elle a acquis tout son développement et qu'elle est tombante.

Dans le midi, on reconnaît la maturité de la feuille au moment où il se manifeste une nuance violette sur les bords.

Nous devons à M. Giobert, de Turin, un excellent traité sur le pastel, dans lequel il dit avoir observé que, dans la belle saison, la proportion de l'indigo augmente progressivement dans les feuilles, depuis le onzième jusqu'au seizième jour de leur végétation; qu'elle reste alors stationnaire pendant quatre à cinq jours, et qu'ensuite elle s'affaiblit. Cette observation a été confirmée dans le midi de la France, à Bedfort, et dans presque toute l'Italie : ainsi on peut la prendre pour règle, et choisir cette période pour cueillir la feuille; mais ceci suppose que la végétation a été favorisée par l'action combinée d'un bon terrain, d'une chaleur atmosphérique convenable et d'un sol humecté; car sans cela l'accroissement de la feuille ne serait pas à son terme dans douze à seize jours, et il faut toujours qu'elle approche de sa maturité avant de la cueillir.

Il est constant que l'extraction de l'indigo est plus facile à cette période de la végétation que lorsque la feuille est parvenue à une maturité parfaite; il paraît aussi qu'elle contient au moins une égale quantité de couleur, et que la nuance en est plus belle.

On récolte les feuilles de l'isatis, ou à la main en les arrachant avec les doigts, ou en les coupant avec un couteau ou des ciseaux : dans tous les cas, on a soin de n'enlever que les feuilles qui paraissent approcher de leur maturité, et de ne pas offenser la tige ni la sommité de la plante; on répète cette cueillette tous les six à huit jours, pour ne pas laisser dégénérer la qualité des feuilles.

Il faut éviter avec un soin extrême le mélange des feuilles étrangères et du pastel bâtard avec celles de l'*isatis tinctoria*.

On met les feuilles dans des paniers, et on les transporte dans l'atelier où doit s'opérer la fabrication des coques de pastel.

Avant de soumettre les feuilles à l'action du moulin pour les réduire en pâte, il convient de les laisser un peu se flétrir : alors on les broie sous une meule cannelée, qui tourne sur une pierre également cannelée ; on remue souvent la pâte avec une pelle, et on continue à broyer jusqu'à ce que les nervures des feuilles soient bien pétries et ne s'aperçoivent plus à l'œil. On ramasse avec soin tout le jus qui s'écoule pendant le broiement, pour l'employer à humecter la pâte en fermentation.

On porte la pâte sous un hangar dont le sol est légèrement incliné et pavé en pierres unies, sur lequel on a pratiqué de petites rigoles destinées à recevoir le suc qui s'écoule et à le transmettre dans un réservoir.

Dans la partie la plus élevée du hangar, on forme, avec la pâte, une couche de trois à cinq pieds de longueur ; on la presse pour la rentre compacte autant qu'on le peut, et on la bat, à cet effet, avec de gros morceaux de bois. La fermentation ne tarde pas à s'établir ; la masse se gonfle et se crevasse, il s'en sépare un jus noir qui va se rendre dans le réservoir ; dans quelques ateliers, on laisse écouler ce suc en pure perte au dehors, où il répand une très-mauvaise odeur.

Pendant que s'opère la fermentation, on a l'attention de fermer les crevasses qui se forment, et d'humecter la masse avec de l'urine ou avec le suc qui a coulé dans le réservoir et celui qui a été extrait sous la meule.

Après deux ou trois jours de bonne fermentation, on repaîtrit la masse; on renouvelle cette opération assez souvent pendant les vingt ou trente jours que dure l'opération. On a soin, dans les intervalles, de mouiller la couche avec le jus, de fermer les crevasses et d'unir les surfaces.

Lorsque le temps est froid, et que les feuilles sont maigres et sèches au moment de la récolte, la fermentation n'est pas parfaite en un mois. En Italie, on laisse souvent fermenter pendant quatre mois, et quelquefois on ne démonte la couche qu'au printemps suivant.

Il s'établit souvent dans les couches une quantité de vers assez considérable pour en dévorer tout l'indigo; on se hâte alors de les retourner pour détruire ces insectes, et si ce moyen ne suffit pas, on porte la pâte au moulin pour la broyer de nouveau.

Après la fermentation, la pâte peut ne pas présenter l'uni et le liant convenables, il peut y exister des nervures apparentes à l'œil, c'est pour cela qu'on la broie une seconde fois sous la meule.

Cette dernière opération la dispose à être convertie en coques : pour cela, on en remplit des moules de bois creusés en rond, et on en forme des pains de quatre à cinq pouces de diamètre sur huit à dix de hauteur, qui pèsent ordinairement un kilogramme et demi. Les moules sont beaucoup plus petits dans le midi de la France, où les pains de pastel sont connus sous le nom de *coques*, et ne pèsent que demi-kilogramme : ces coques doivent avoir dans l'intérieur une couleur violette, et exhaler une bonne odeur.

On porte ces coques sur des claies dans un lieu sec et bien aéré, pour les faire sécher.

Dans plusieurs pays, on les vend en cet état aux teinturiers, qui s'en servent pour monter leurs cuves de pastel ou pour teindre immédiatement en bleu tendre; mais en gé-

néral on leur fait subir une autre opération,
qui les améliore et qu'on appelle *raffinage*.

Rarement les fabricans de pastel se livrent
à cette dernière opération, ils vendent leurs
coques à des marchands en gros qui la leur
font subir eux-mêmes; la raison en est que, pour
que le raffinage s'exécute convenablement, il
faut opérer sur de grandes masses, et que le propriétaire n'a que le produit de sa récolte et un
emplacement borné à la fabrication des coques
que lui fournit sa culture du pastel.

Pour raffiner le pastel, on réduit les coques
en poudre, en les broyant sous la meule du
moulin; ou bien, comme dans le midi de la
France, on les brise à coups de hache, et on
forme avec ces débris des couches d'environ
quatre pieds de hauteur; on arrose ces couches avec de l'eau, ou, mieux encore, avec le
suc provenant des feuilles du pastel : il se
produit en peu de temps beaucoup de chaleur, et la fermentation s'établit avec violence.

Au bout de huit jours, on retourne la
couche de manière à placer à la surface ce
qui était au centre ou dans le fond; on arrose
de la même manière, et, cinq à six jours après,

on défait la couche avec les mêmes soins. On renouvelle ces opérations en rapprochant les intervalles, jusqu'à ce que le pastel ne fermente plus et que la masse soit froide : alors toutes les parties végétales et animales sont décomposées, à l'exception de l'indigo : c'est dans cet état qu'on le vend plus avantageusement aux teinturiers.

La fabrication des coques du pastel, telle que nous l'avons décrite, est sans contredit la plus parfaite ; mais elle n'est pas ainsi pratiquée par-tout. A Gênes, on ne les raffine point; dans le département du Calvados et sur le Rhin, on entasse les feuilles sans les broyer, et on les moule en coques du moment que la division de la masse peut se prêter à cette opération.

Il faut observer en outre que la nature du sol et du climat, la différence dans les saisons, les soins donnés à la culture de la plante et à la cueillette de la feuille, apportent des variétés immenses dans les qualités des coques; ce qui fait qu'elles sont plus ou moins estimées dans le commerce, et qu'elles y ont des prix différens.

Il faut en général cent cinquante kilogrammes de feuilles pour en obtenir cinquante de bonnes coques.

Les coques de pastel qu'on emploie avec l'indigo pour monter les cuves destinées à teindre en bleu solide, servent non-seulement à faciliter la fermentation, mais elles ajoutent encore l'indigo qu'elles contiennent à celui qui vient de l'Inde ; ce qui produit une grande économie.

Les coques seules, et sur-tout le pastel raffiné, peuvent fournir à la cuve une assez grande quantité d'indigo pour qu'on puisse y teindre facilement des pièces de drap et leur donner toutes les nuances de bleu qu'on peut obtenir par l'emploi de l'indigo étranger. M. Giobert nous apprend que M. Alexandre Mazéra a teint de cette manière, en présence de teinturiers habiles, de fabricans et de commissaires de l'Académie de Turin, quatre pièces de drap fin en quatre nuances, qui furent jugées au moins égales, pour l'éclat et la solidité, à celles qu'on avait obtenues en employant l'indigo le plus fin du Bengale.

M de Puymaurin a publié un procédé par

lequel les habitans de l'île de Corfou teignent avec les feuilles de l'isatis les étoffes de laine dont ils forment leurs vêtemens ; ils coupent les feuilles quand la plante est en fleur, ils en ôtent avec soin toutes les nervures ; on les pile ensuite dans un mortier, et on fait sécher cette pâte au soleil.

Lorsqu'on veut teindre les pièces de drap, on met cette pâte desséchée dans un baquet et on l'arrose avec de l'eau ; peu-à-peu le mélange s'échauffe et fermente vivement ; on ajoute de l'eau et de la lessive faible de cendres ; la pâte ainsi délayée acquiert tous les caractères d'une véritable putréfaction : alors on plonge dans cette composition les étoffes que l'on veut teindre, on les foule de temps en temps et on les laisse immergées pendant huit jours ; elles prennent une couleur bleu turquin qui est de la plus grande solidité. Ce procédé, d'une facile exécution, peut offrir de grands avantages pour nos ménages ruraux.

ARTICLE III.

De l'extraction de l'indigo du pastel.

Avant la découverte de l'indigo, on cultivait l'*isatis tinctoria* pour en former des coques, dans presque toutes les parties de l'Europe : c'était alors la couleur bleue la plus solide qu'on connût, et le commerce du pastel était immense.

Les environs de Toulouse et sur-tout le Lauraguais fournissaient une énorme quantité de pastel; les coques qu'on y préparait jouissaient de la première réputation en Europe.

Ce pays était devenu si riche qu'on l'a appelé *pays de cocagne*, du nom de son industrie : cette dénomination a passé en proverbe pour désigner un pays riche et très-fertile.

Deux cent mille balles de coques étaient exportées chaque année par le seul port de Bordeaux; les étrangers en éprouvaient un si pressant besoin, que, pendant les guerres que nous avions à soutenir, il était constamment convenu que ce commerce serait libre et protégé, et que les vaisseaux étrangers arriveraient désarmés dans nos ports pour y venir chercher ce produit.

Les plus beaux établissemens de Toulouse ont été fondés par des fabricans de pastel; lorsqu'il fallut assurer la rançon de François Ier., prisonnier en Espagne, Charles-Quint exigea que le riche Beruni, fabricant de coques, servît de caution.

L'indigo qu'on extrait de l'anil commença à paraître en Europe dans les premières années du dix-septième siècle; on prévit, dès le premier moment de son importation, tout le tort qu'il devait faire au pastel.

L'indigo, dégagé de toute matière étrangère au principe colorant, présente, sous le même poids, environ cent soixante-quinze fois plus de matière colorante que les coques de pastel (*). Ainsi quinze livres de bon indigo qu'on emploie ordinairement pour monter une cuve, équivalent à deux mille six cent vingt-

(*) Ce calcul est établi sur la supposition que les feuilles de pastel donnent trois onces d'indigo par cent livres; car les coques qui retiennent tout l'indigo ne représentent que le tiers du poids des feuilles employées à leur fabrication.

cinq livres de coques de pastel, sous le rapport du principe colorant. On peut juger d'après cela combien il est difficile de monter une cuve avec les seules coques; car, outre qu'on doit trouver de l'embarras à manier cette masse énorme de matière dans la cuve, il faut encore que le teinturier ait une grande habileté dans son art pour en tirer une couleur unie et bien nourrie.

Il n'est donc pas étonnant que l'emploi de l'indigo ait prévalu sur celui des coques de pastel, et que la culture de ce dernier ait été extrêmement réduite.

Henri IV, qui prévoyait le dépérissement de la principale branche de l'agriculture française, voulut arrêter le mal dans son origine, et, par un édit de 1609, il prononça la peine de mort contre tous ceux qui emploieraient cette *drogue fausse et pernicieuse appelée Inde.*

Cette sévérité fut adoptée par les gouvernemens de Hollande, d'Allemagne et d'Angleterre, quoiqu'ils n'y eussent pas le même intérêt; mais la loi ne fut maintenue et exécutée que dans le dernier de ces royaumes.

Il est facile de rouvrir à la France cette source de sa prospérité, non en multipliant la fabrication des coques, dont on ne pourrait pas augmenter la consommation, mais en retirant l'indigo des feuilles de l'isatis, et le rendant absolument pareil à celui de l'Inde.

La longue guerre de la révolution nous avait interdit l'usage des mers, et nos approvisionnemens en denrées coloniales étaient devenus très-chers et incomplets. Dans cet état de détresse et de privation, le Gouvernement fit un appel aux savans, pour essayer de tirer de notre sol une partie des ressources que nous avait procurées jusque-là celui du Nouveau-Monde. Leurs efforts ne furent pas infructueux, et en peu de temps on fabriqua de l'indigo du pastel, qui ne le cédait pas en qualité au plus beau guatimala.

Le Gouvernement forma, à ses frais, trois grands établissemens, l'un à Albi, l'autre aux environs de Turin, et le troisième en Toscane : ces établissemens ont prospéré pendant plusieurs années ; les procédés y ont été améliorés ; mais les changemens qui se sont opérés en 1813 n'ont plus permis de les protéger : les usines ont été vendues par les gouvernemens respectifs ; et cette belle branche d'industrie, qui se serait conservée si les établissemens avaient été formés par des particuliers, a disparu. Le sieur Rouqués, habile teinturier à Albi, a seul maintenu et conservé un établissement qu'il avait formé, et n'a pas employé dans sa teinture, pendant dix ans, d'autre indigo que celui qu'il préparait lui-même avec le pastel.

Il ne s'agit aujourd'hui que de répandre les lumières convenables pour diriger l'entrepreneur, et lui prouver que cette fabrication est à-la-fois simple, facile et avantageuse. J'ose espérer que nous y parviendrons, en faisant connaître les procédés les plus parfaits qu'une expérience éclairée nous ait appris jusqu'ici.

Nous observerons d'abord qu'il est plus avantageux au propriétaire d'extraire l'indigo du pastel que de convertir les feuilles en coques.

Hellot assure qu'il a été vérifié, de son temps, que quatre livres de bel indigo guatimala rendent autant qu'une balle de pastel albigeois (du poids de deux cent dix livres).

A Quiers (Piémont), où les teinturiers (*gues-dous*) sont d'une grande habileté, on a estimé que trois cents livres de coques donnent autant de matière colorante que six livres du meilleur indigo (*).

D'après les expériences faites par M. Giobert, il n'y a pas de doute qu'il est plus avantageux d'extraire l'indigo des feuilles de l'isatis que de les convertir en coques.

L'indigo qu'on retire de l'*anil* en Amérique, celui que fournit le *nuricum* dans l'Indostan, et celui qu'on extrait de l'isatis en Europe, ne diffèrent pas sensiblement par la nature de leurs principes; les soins apportés à la fabrication, et l'état des plantes, que bien des circonstances peuvent faire varier pendant la végétation, peuvent seuls apporter quelques changemens dans la couleur et en faire varier le prix dans le commerce.

Cette différence dans les indigos, sous le rapport commercial, peut tenir sur-tout à celle dont on opère son extraction dans les di-

(*) Ces résultats me paraissent exagérés et je m'en tiens à ceux que j'ai déjà établis d'après les expériences faites sous mes yeux.

vers pays. En Amérique, on fait fermenter à froid, à Java par décoction, et généralement par infusion dans l'Inde, depuis la découverte du docteur Roxburg.

Avant 1810, un grand nombre de procédés avaient été appliqués à l'extraction de l'indigo de l'isatis, soit en France, soit en Allemagne, soit en Italie et en Angleterre, et on obtenait par-tout de l'indigo sans que la fabrication s'établît d'une manière générale : c'est à cette époque que le Gouvernement français, pressé par le besoin de se procurer une couleur que l'état de guerre ne lui permettait plus de tirer de l'étranger qu'à grands frais, forma des établissemens et proposa des encouragemens pour extraire en grand l'indigo du pastel.

Je ne décrirai pas tous les procédés qui ont été pratiqués pendant les trois années qui ont suivi l'époque de 1810, je me bornerai à indiquer celui qui est le plus simple, le moins coûteux, le plus prompt, et qui fournit le plus constamment une qualité d'indigo bonne et uniforme.

Il ne s'agit, pour exécuter cette opération, que d'avoir à sa disposition une chaudière pour chauffer de l'eau, un cuvier pour lessiver les feuilles et un second qui sert de reposoir, un baquet, dans lequel on *bat* l'eau chargée de l'indigo pour précipiter cette fécule.

Voici la manière d'opérer, telle qu'elle est décrite par M. Giobert, auteur du procédé.

On commence par chauffer l'eau, et tandis qu'elle parvient à l'ébullition, on dispose dans le cuvier les feuilles qu'on a cueillies au degré de végétation que nous avons indiqué lorsqu'on veut en fabriquer des coques : il il faut arranger les feuilles de manière qu'elles ne soient pressées nulle part, et que la distribution en soit égale dans tout l'intérieur du cuvier.

On couvre le cuvier d'une claie d'osier ou d'un filet à larges mailles, et on place dessus un gros tissu de laine.

L'appareil étant ainsi disposé, on verse l'eau bouillante sur les feuilles ; elle se répand également sur la masse, et on continue jusqu'à ce que les feuilles en soient recouvertes.

On enlève le filet et le tissu de laine, et on agite doucement les feuilles, pour qu'elles s'imprègnent également et qu'il ne se forme pas au fond du cuvier une couche d'eau, dans laquelle elles ne seraient pas immergées.

On laisse agir l'eau sur les feuilles pendant cinq à six minutes au plus, et on soutire alors le liquide en ouvrant le robinet du cuvier, pour faire couler à travers un gros tamis dans une cuve qu'on appelle reposoir.

Lorsque la lessive est trop claire et qu'elle n'a pas encore la couleur d'un vin blanc nouveau-très-chargé, on suspend la vidange, et on reverse sur les feuilles tout ce qui a coulé, pour laisser agir jusqu'à ce que le liquide ait pris le caractère que nous venons d'indiquer.

Du moment que l'écoulement est terminé, on ferme le robinet, et on verse une nouvelle quantité d'eau tiède sur les feuilles : on laisse agir cette eau pendant un quart d'heure.

Dans le temps que s'opère cette seconde infusion, on transporte l'eau de la première lessive dans le baquet appelé *battoir*, et on y fait couler la seconde, pour les mêler ensemble.

Par ces deux premières lessives, les feuilles ne sont pas encore épuisées de tout l'indigo qu'elles contiennent; on peut les laver avec de l'eau froide, qu'on laisse séjourner une ou deux heures; on conserve cette lessive à part pour la traiter par l'eau de chaux; on peut ensuite exprimer fortement les feuilles, en extraire par ce moyen tout le suc et s'en servir pour monter des cuves avec les coques lorsqu'il s'agit d'obtenir des nuances de bleu clair.

M. Pariolati, teinturier de Quiers, en a retiré le plus grand avantage pour former des nuances de beau bleu sur soie; mais cet emploi ne peut avoir lieu que lorsqu'on a des ateliers de teinture dans le voisinage de l'établissement.

On peut encore broyer les feuilles après en avoir soutiré, par les deux premières eaux, l'indigo le plus pur, et en former des coques par le procédé ordinaire. Ces coques ne seront pas de la première qualité, mais elles deviendront utiles comme matière fermentescible, et produiront, sous ce rapport, le même effet dans les cuves de pastel qu'on monte pour le bleu. L'expérience, faite en grand, a prouvé cette vérité, et ces coques sont recherchées à un tiers de prix au-dessous de celles qui contiennent tout l'indigo des feuilles.

Le procédé que je viens d'indiquer pour extraire l'indigo par infusion à chaud me paraît le plus simple de tous ; mais comme l'indigo est plus ou moins formé ou oxidé dans la feuille, selon qu'elle est plus ou moins avancée dans sa végétation, il n'est pas également soluble dans l'eau à ces diverses périodes, et il ne l'est pas du tout lorsqu'il est à l'état d'un bleu noir, comme dans les feuilles qui ont dépassé leur état de maturité. Il faut donc, lorsqu'on veut suivre ce procédé, cueillir ces feuilles entre le seizième et le dix-huitième jour de leur végétation, et ne pas attendre que les bords en soient nuancés par le bleu ; car alors l'indigo est parvenu à un degré d'oxidation qui ne lui permet plus de se dissoudre complétement.

Si la méthode par fermentation est moins avantageuse que celle que nous venons de décrire, il faut convenir qu'elle peut s'appliquer plus fructueusement aux feuilles qui sont parvenues au plus haut degré de maturité, et je ne puis me dispenser d'en donner ici une courte description ; je le dois avec d'autant plus de raison, que ce procédé par fermentation présente quelques avantages dans les petites indigoteries.

Lorsqu'on veut procéder par fermentation, on remplit aux trois quarts un cuvier de feuilles, on les assujettit pour qu'elles restent immergées dans l'eau, et on les recouvre d'une eau chaude à quinze ou seize degrés du thermomètre de Réaumur. La température de l'atelier doit être au même degré. En peu de temps la fermentation s'annonce par des bulles qui viennent crever à la surface ; elle doit être terminée au bout de dix-huit heures ; on reconnaît qu'elle est suffisante lorsque la couleur de l'eau est de la nuance du jaune citron, et qu'il s'est formé à la surface une légère pellicule verdâtre et irisée.

Alors on soutire le liquide, et on le fait passer successivement dans le baquet de *repos* et dans celui du battage.

Dans l'une et l'autre méthode, il faut précipiter l'indigo qui est tenu en suspension ou en dissolution dans l'eau, et c'est ce qui s'opère par le battage. Cette opération fait prendre à l'indigo la couleur bleue qui lui est propre.

Nous ferons connaître deux procédés de battage, dont le premier est applicable à la méthode d'extraire l'indigo de la feuille par l'infusion à l'eau bouillante, et l'autre à la méthode par fermentation.

Dès que la chaleur de l'eau qu'on a fait digérer sur les feuilles, d'après le procédé que j'ai déjà décrit, est tombée entre quarante et trente-cinq degrés du thermomètre de Réaumur, on commence le battage : à cet effet, on se sert d'un balai ou d'une poignée de tiges d'osier dont on a enlevé l'écorce, et on agite fortement la liqueur. Lorsque la liqueur est très-chaude, le battage doit être plus lent, et moins rapide que lorsque la chaleur est moindre.

Du moment qu'on a formé beaucoup d'écume blanche à la surface du liquide, on suspend le battage pour le reprendre dès que l'écume s'est affaissée et qu'elle a pris une belle couleur bleue. Si la liqueur est trop chaude ou si on a trop battu, le bleu tire au violet; dans le cas contraire, la couleur est bleu de ciel. On continue par intervalles, en laissant toujours l'écume se colorer. Lorsqu'on s'aperçoit que l'écume ne prend plus, par le repos, qu'un bleu très-faible, alors on bat presque sans interruption.

Lorsque les écumes ne deviennent plus bleues, mais qu'elles restent blanches ou passent à une couleur rougeâtre, c'est un indice que l'opération touche à sa fin.

Par le battage, la couleur de l'eau, qui était celle du vin blanc, brunit de plus en plus : le battage est parfait lorsqu'en versant de la liqueur dans un verre elle ne présente qu'une couleur brune uniforme; le battage doit être continué si on aperçoit une teinte de vert bleuâtre près des parois du verre. Au reste, il vaut mieux battre trop long-temps que trop peu; en général, l'opération exécutée sur trois cents livres de feuilles doit durer une heure et demie.

On laisse ensuite reposer la liqueur; l'indigo se précipite en grains au fond du baquet : huit à dix heures suffisent à cet effet. On soutire la liqueur, et on dessèche l'indigo, pour lui enlever l'eau qui pourrait l'altérer par la fermentation.

Dans cette opération, on n'emploie aucune matière étrangère qui ait pu salir l'indigo, et on l'obtient aussi pur que le meilleur du commerce.

Lorsqu'on opère sur les feuilles de l'isatis avec de l'eau froide par macération, fermentation, ou de toute autre manière, il ne serait pas possible de précipiter l'indigo par le seul battage, la raison en est que la température n'est point alors assez élevée pour déterminer la combinaison de l'oxigène avec l'indigo, et lui donner, par cette véritable combustion, la couleur et les caractères qui le rendent si précieux dans l'art de la teinture.

La substance qu'on emploie le plus généralement pour faciliter dans ce cas la précipitation de l'indigo est l'eau de chaux; mais ce procédé exige beaucoup d'attention, et je décrirai avec soin l'emploi et l'action de cet ingrédient pour diriger le fabricant.

Après avoir réuni dans une cuve toutes les eaux qu'on a préparées dans la journée, on procède à la précipitation de l'indigo de la manière suivante :

On commence par battre la liqueur sans ménagement et presque sans interruption pendant une demi-heure; on ne se repose de temps en temps que pour que l'écume s'affaisse et se colore. Lorsque la liqueur commence à prendre un brun foncé, on y verse deux à trois litres d'eau de chaux et on continue le battage. On procède ainsi en employant successivement le battage et l'eau de chaux, jusqu'à ce que la couleur de la liqueur devienne d'un jaune vert, qu'elle commence à se troubler et à montrer en suspension la matière qui va se précipiter; la quantité d'eau de chaux nécessaire n'est jamais le dixième du volume de la liqueur lorsqu'on fait alterner le battage et l'action de cette eau, tandis que si l'on verse à-la-fois toute l'eau de chaux, la chaux fait plus que saturer l'acide carbonique contenu dans la liqueur : le carbonate qui s'est formé se précipite et affaiblit l'indigo en se mêlant avec lui.

Par le procédé de précipitation que nous venons de prescrire, le battage introduit d'abord dans la liqueur une grande masse d'air, qui se combine avec l'indigo et le rend insoluble à l'eau, en même temps qu'on forme beaucoup d'acide carbonique. Le mélange d'une petite quantité d'eau de chaux après chaque battage produit un carbonate acidule, qui reste en dissolution dans la liqueur, et une espèce de combinaison savonneuse avec l'extractif et la partie végéto-animale de la plante : de sorte que l'indigo, dégagé de ses combinaisons, peut s'oxider et se précipiter plus aisément dans un très-grand degré de pureté.

Ce procédé donne pour premier résultat apparent une moins grande quantité d'indigo que lorsqu'on emploie un volume d'eau de chaux égal à celui de la liqueur; mais l'indigo qu'on obtient est plus pur et de même qualité que le plus estimé du commerce.

On peut employer ce procédé dans tous les cas, même lorsqu'on a des eaux d'infusion à quarante degrés. On diminuera, par ce moyen, la longueur du battage, dans le cas où j'ai dit qu'on pouvait l'employer seul, et l'on obtiendra de l'indigo aussi parfait.

Après avoir laissé précipiter tout l'indigo

dans le fond de la cuve, on fait couler l'eau.

La fécule précipitée exige encore quelques opérations indispensables pour l'amener au degré de perfection convenable.

L'indigo précipité est encore mêlé d'une portion plus ou moins considérable qui n'est pas suffisamment oxidée, et n'a pas par conséquent la couleur et les qualités qui distinguent le bel indigo. On eût pu, par un battage plus prolongé, amener ce dernier à l'état parfait ; mais alors celui qui a été oxidé le premier aurait pris une couleur trop foncée par un surcroît d'oxidation, et serait rebuté dans le commerce comme *indigo brûlé*, de sorte qu'il vaut mieux donner à l'indigo imparfaitement oxidé les qualités qui lui manquent, et on y parvient de la manière suivante :

On agite fortement la fécule liquide ; et l'on verse sur la masse, en continuant d'agiter sans interruption, un volume d'eau tiède double de celui de la fécule : par ce moyen, l'indigo parfait se précipite, et l'eau retient celui qui l'est moins ; on soutire l'eau qui surnage et on la traite par l'eau de chaux ; la couleur verte devient d'un jaune brun, et alors l'indigo, rendu insoluble, se précipite.

Il peut même arriver que la liqueur qu'on a traitée par le battage et l'eau de chaux retienne un peu d'indigo en dissolution lorsque l'opération n'a pas été assez bien conduite: on peut s'en assurer en en prenant une partie au moment qu'on la décante, et en y jetant de l'eau de chaux pour voir si elle brunit.

Pour donner à la fécule d'indigo l'éclat et la pureté convenables, il faut encore lui faire subir deux lavages, l'un à froid, l'autre à chaud.

Pour opérer le premier lavage, on réunit la fécule dans une terrine et on y verse dessus quatre à cinq fois son volume d'une eau très-claire; on agite avec beaucoup de soin en soulevant à la main la fécule dans le liquide; on agite de temps en temps pendant plusieurs heures, après quoi on laisse reposer : lorsque la fécule est complétement déposée, on jette l'eau pour en remettre de nouvelle ; on renouvelle ce lavage jusqu'à ce que l'eau ne se colore plus.

Ce lavage à l'eau froide n'enlève pas toutes

les matières étrangères qui salissent l'indigo, il est nécessaire de recourir à l'eau chaude.

Mais pour opérer économiquement ce dernier lavage, il convient de réunir le produit de plusieurs lavages à froid et de les traiter en grands volumes.

Avant de procéder au lavage par l'eau chaude, on donne à la fécule une consistance épaisse, en la comprimant pour en exprimer l'eau, et on place ces bouillies épaisses dans une cuve, où on les laisse fermenter pendant dix à douze jours, jusqu'à ce qu'il s'en exhale une odeur fortement acide. Il paraît que, par ce moyen, on décompose une partie amilacée qui avait échappé à l'eau froide.

On procède ensuite au lavage par l'eau tiède, en suivant la même méthode que j'ai prescrite pour l'eau froide.

On peut abréger l'opération et obtenir à-peu-près les mêmes résultats en faisant bouillir l'indigo dans l'eau, ayant le soin de le remuer continuellement.

Pour porter l'indigo au plus haut degré de pureté et lui donner les formes qu'il doit avoir dans le commerce, il faut lui faire subir encore plusieurs opérations.

Les lavages à l'eau n'ont pu enlever que les matières susceptibles d'être dissoutes, la fermentation n'a pu décomposer que quelques principes étrangers à l'indigo; mais les terres qui salissent plus ou moins l'indigo, selon qu'elles y sont plus ou moins abondantes, doivent en être extraites; on y parvient en délayant la pâte d'indigo dans un grand volume d'eau : l'opération se fait dans un cuvier muni de deux à trois robinets placés à des hauteurs inégales.

On délaie avec soin l'indigo dans l'eau, de manière que toutes les molécules nagent éparses dans le liquide; après un quart d'heure de repos, les terres se précipitent; on ouvre le robinet supérieur et on fait couler l'eau dans un baquet; on ouvre ensuite le second, puis le troisième, et on laisse précipiter l'indigo que les eaux ont entraîné.

Comme le dépôt terreux qui s'est formé dans le cuvier contient de l'indigo, on le lave à grande eau, et on fait couler le liquide par les robinets comme la première fois; on répète l'opération jusqu'à ce que le dépôt terreux ne contienne plus d'indigo.

La pâte d'indigo étant une fois débarrassée de toutes les matières étrangères, il ne s'agit plus que de lui enlever l'eau qui en fait une sorte de bouillie : à cet effet, je proposerai une méthode que j'emploie avec succès dans des opérations analogues : on garnit l'intérieur des parois d'un panier avec un sac de gros drap de laine ou de toile; on verse la fécule dans ce sac et on laisse filtrer; lorsque la filtration s'arrête, on recouvre la surface de la fécule avec les bords du sac qu'on rejette dessus, et on y place un' plateau de bois rond de la largeur de l'intérieur du panier; on le charge successivement de poids, de manière à donner à la fécule une très-grande consistance. Si l'opération est bien faite, on peut à peine la briser à la main. On coupe cette galette en carrés, qu'on fait sécher à une température de trente à quarante degrés.

On termine ensuite la préparation de l'indigo par une opération qu'on appelle *ressuage*.

M. de Puymaurin a observé que le moment le plus favorable pour exécuter cette opération est celui où *lorsqu'en cassant un angle des cubes avec la main on entend un bruit sec.* On met alors les pains d'indigo dans une barrique, on la remplit, et on la recouvre de son fond sans l'assujettir. L'indigo reste là trois semaines, il s'échauffe et répand une odeur désagréable; il transpire de l'eau et se recouvre d'un duvet blanc.

On frotte ensuite la surface de l'indigo, on l'unit et on le livre au commerce.

L'indigo de pastel, préparé avec tous les soins que nous venons de décrire, s'il n'est pas supérieur au plus bel indigo guatimala, est au moins de qualité égale; ses effets sont les mêmes pour la teinture, et il n'en diffère en rien ni par sa nature ni par ses propriétés.

Voilà donc l'indigo ramené en France, et pouvant rouvrir à l'agriculture une nouvelle source de prospérité.

Il ne s'agit plus que de savoir si l'agriculteur peut se livrer avec avantage à la fabrication de l'indigo-pastel; car sans cela ce serait, à la vérité, une découverte fort importante que celle de l'extraction de l'indigo de *l'isatis,* mais sans utilité pour la nation.

On conviendra cependant que, lors même que cette fabrication ne serait pas très-avantageuse en temps de paix, il ne faudrait pas moins la regarder comme une découverte précieuse pour les temps d'une guerre maritime; car alors la valeur de l'indigo étranger s'élève dans le commerce, par la difficulté de s'en procurer et l'augmentation du prix des assurances, à des prix trop considérables pour le teinturier. D'ailleurs, si le bon Henri IV, pour conserver l'industrie des coques à son agriculture, a cru devoir prononcer la peine de mort contre l'importation de l'indigo, pourquoi le Gouvernement ne le prohiberait-il pas, du moment que la fabrication de l'indigo-pastel serait assurée? Il doterait, par là, la France d'un produit d'au moins vingt millions; il se mettrait à l'abri des chances funestes de la guerre, il retiendrait chez lui une masse de numéraire qui s'écoule à l'étranger et fournirait plus de travail à la nombreuse population des campagnes.

Mais voyons si, dans l'état actuel, la fabrication de l'indigo-pastel peut concourir avec celle de l'indigo étranger.

Un arpent de terre (ancienne mesure de Paris) produit, par les diverses cueillettes, environ cent cinquante quintaux de feuilles de pastel.

En calculant au *minimum* le produit d'un arpent en feuilles et en indigo, on peut établir celui des feuilles à cent cinquante quintaux, et celui de l'indigo le plus pur et le plus beau qu'on puisse trouver dans le commerce à trois onces par quintal de feuilles, sur-tout dans le midi ; ce qui fait à-peu-près vingt-huit livres d'indigo par arpent.

La valeur du bel indigo peut être estimée neuf francs la livre, ce qui ferait deux cent cinquante-deux francs par arpent.

Comparons à présent ce produit avec celui que fournirait le même terrain cultivé en froment : on peut l'évaluer à douze hectolitres, qui, au prix de dix-huit francs, donneraient deux cent seize.

Il s'agit à présent de calculer et de comparer les dépenses.

La préparation du terrain par les labours et le fumier est la même pour les deux graines ; mais les frais de culture et de main d'œuvre diffèrent essentiellement.

Le sarclage à la main suffit pour le froment et la dépense est presque nulle : tandis que cette opération, plus nécessaire au pastel, s'exécute avec des instrumens qui remuent la terre et déracinent les mauvaises herbes ; on ne peut pas l'estimer au-dessous de vingt-cinq francs.

La cueillette des feuilles répétée cinq à six fois est encore une dépense d'environ cinquante francs pendant la durée de la saison.

On ne peut pas évaluer les frais de fabrication dans l'atelier au-dessous de deux francs par livre d'indigo, ce qui fait cinquante-six francs.

La graine nécessaire pour ensemencer un arpent coûterait douze francs ; mais en laissant monter les pieds pour la recueillir dans son propre fonds, on ne peut pas l'estimer plus de six francs.

Ainsi, du produit brut de deux cent cinquante-deux francs en indigo, il faut en distraire :

Sarclage.............................	25 fr.
Cueillette...........................	50
Frais de fabrication.............	56
Graine...............................	6
Total........	137 fr.
Il reste donc en produit net......	115 fr.

Les frais de culture et de récolte ne sont pas aussi considérables pour le froment : en établissant que la semence est le huitième de la valeur du produit et que le sarclage, la moisson, le transport et le battage en forment un sixième, cette dépense cumulée ne forme que soixante-trois francs; ce qui réduit la valeur du produit net à cent cinquante-trois francs, et présente un surplus de valeur à l'avantage de la culture du froment.

Mais il faut observer que dans les calculs que je viens d'établir, j'ai porté le produit de l'indigo au *minimum* : M. de Puymaurin en a extrait jusqu'à cinq onces de belle qualité d'un quintal de feuilles; ce qui donnerait quarante-sept livres d'indigo par arpent au lieu de vingt-huit; vendu dans le commerce au bas prix de six francs, il produirait deux cent quatre-vingt-deux, au lieu de deux cent cinquante-deux.

Il faut encore observer qu'en convertissant en coques les feuilles presque épuisées de leur indigo, on en formerait près de cinquante quintaux, qui se vendraient avantageusement aux teinturiers; et qu'à défaut de cet emploi, elles formeraient un engrais de meilleure qualité et plus abondant que celui qui peut provenir des feuilles desséchées des tiges du froment.

J'ajouterai encore que dans les établissemens qui auraient des ateliers de teinture dans leur voisinage, on pourrait leur vendre la pâte de la fécule d'indigo, qui produirait le même effet que les pains d'indigo et économiserait au fabricant trois opérations principales, la filtration, le desséchement et le ressuage, et au teinturier le broiement pénible des pains. Je suis même assuré qu'en employant cette fécule, le teinturier pourrait diminuer la quantité des coques qu'il fait entrer dans sa composition, attendu que la fécule déterminerait et faciliterait la fermentation dans les cuves qu'on monte pour le bleu.

Il me paraît bien démontré que pour introduire cette belle industrie dans nos campagnes, il ne s'agit plus que de quelques légers encouragemens de la part du Gouvernement. Le seul que je crois pouvoir réclamer pour elle serait d'augmenter le droit d'entrée de l'indigo étranger de dix francs par kilo-

gramme : sans cela, l'agriculteur se détermi-
nera difficilement à entreprendre une fabrication, qui, quoique avantageuse, est nouvelle
pour lui, et qui, mal conduite, présente,
comme toutes les autres, des chances de
pertes.

Je terminerai ce chapitre en invitant les
agronomes zélés pour les progrès de leur art,
à entreprendre la culture de l'*isatis tinctoria*
sur une très-petite portion de leur propriété
et dans un bon terrain pour essayer la fabrication de l'indigo : ils se familiariseront avec le
procédé, et lorsqu'ils auront acquis l'expérience et l'habitude des opérations, ils pour-
ront se livrer avec confiance à des travaux
en grand.

L'isatis croît et prospère sous tous les climats; le département du nord en a cultivé
qui donnait près de cinq onces de bel indigo
par quintal de feuilles, ce qui se rapproche
des produits de celui du midi.

On aurait tort de se rebuter par les résultats d'un premier essai. En fait de fabrication
et de culture, on n'arrive pas à la perfection
du premier pas : le temps, l'expérience et

sur-tout de bonnes observations apprennent seuls à vaincre les difficultés, à maîtriser les opérations et à assurer des succès constans. Les essais que je recommande ne sont point coûteux, ils n'exigent pas d'autres ustensiles que ceux qu'on trouve habituellement dans une ferme.

CHAPITRE XVIII.

DE LA CULTURE DE LA BETTERAVE ET DE L'EXTRACTION DE SON SUCRE.

Dix à douze ans d'observations et d'expériences suivies sur la culture de la betterave et l'extraction de son sucre, m'ont donné quelques droits à publier des résultats qui puissent inspirer quelque confiance.

Comme cette nouvelle industrie doit devenir une source féconde de prospérité agricole, on me pardonnera d'entrer dans tous les détails que je crois nécessaires pour diriger l'agriculteur, et lui éviter des essais et des tâtonnemens souvent dispendieux et presque toujours décourageans.

SECTION PREMIÈRE.

De la culture de la betterave.

On sème la betterave dans le mois d'avril et au commencement de mai, lorsqu'on n'a plus à craindre le retour des gelées. J'en ai semé vers le milieu du mois de juin, et elles ont parfaitement réussi ; cependant il ne convient de semer ni trop tôt ni trop tard. Lorsqu'on sème immédiatement après la cessation des gelées, la terre est froide et très-humide, la germination de la graine est lente, les pluies qui tombent abondamment dans cette saison battent le sol, et l'air ne peut plus y pénétrer ; dès lors la graine pourrit et les betteraves lèvent mal ; mais lorsqu'on sème plus tard, on s'expose à éprouver des contrariétés d'un autre genre : les pluies sont alors moins fréquentes et les chaleurs plus fortes ; la terre se dessèche, et dans les sols gras et compactes, il se forme à la surface une croûte que les folioles très-tendres de la betterave ne peuvent plus percer.

Les semis faits de trop bonne heure ont

encore l'inconvénient de donner lieu au développement d'une foule de plantes étrangères qui étouffent la betterave et rendent les sarclages bien plus dispendieux.

L'époque la plus favorable pour la semence est donc celle où la terre, déjà échauffée par les rayons du soleil, contient encore assez d'humidité pour faciliter la germination et hâter le développement de la jeune plante : les derniers jours d'avril et les quinze premiers de mai réunissent presque toujours ces avantages.

ARTICLE PREMIER.

Du choix de la graine.

Un bon agriculteur doit toujours récolter sa graine : à cet effet, il plante ses betteraves au printemps dans un bon terrain, et récolte la graine en septembre, à mesure qu'elle mûrit ; il abandonne sur les tiges celle qui n'est pas très-mûre, et ne cueille que la meilleure. Chaque betterave en fournit depuis cinq jusqu'à dix onces.

Lorsqu'on ne soigne pas la graine et qu'on

l'emploie sans choix, non-seulement on a beaucoup de petites betteraves rabougries, mais il est rare encore qu'il y en ait plus de la moitié qui lèvent.

Les betteraves sont blanches, jaunes, rouges ou marbrées; il en est encore dont la pellicule est rouge et la chair blanche. Il est bien reconnu aujourd'hui que la couleur ne se reproduit pas constamment. Il est rare que dans un champ semé avec la seule graine de betterave jaune il ne s'en trouve pas quelques pieds de rouge et de blanche.

On a donné jusqu'ici trop d'importance à la couleur, je n'ai pas observé de différence notable dans les résultats; cependant je cultive de préférence la betterave jaune et la blanche, parce que la couleur du suc de la betterave rouge rend le raffinage du sucre qu'elle fournit un peu plus long. A la vérité, la chaux qu'on emploie à la première opération décolore instantanément le suc; mais la concentration dans la chaudière fait reparaître une teinte brunâtre, que n'a pas le sirop qui provient de la betterave jaune ou blanche.

ARTICLE II.

Du choix du terrain.

Toutes les terres à blé sont plus ou moins propres à la culture de la betterave, et celles de cette nature qui ont de la profondeur en terre végétale sont les meilleures.

Les terres sablonneuses dont le grain est très-fin, provenant des alluvions et des dépôts des rivières, sont aussi très-favorables aux betteraves, elles n'exigent même pas des engrais artificiels lorsque les inondations peuvent y déposer périodiquement du limon.

On peut cultiver avec avantage la betterave sur les sols qui proviennent du défrichement des prairies naturelles ou artificielles; mais j'ai constamment observé que la betterave venait mal lorsqu'après avoir défriché à la fin de l'automne et donné trois ou quatre labours en hiver, on la semait au printemps; les gazons et les racines ne sont pas encore complétement décomposés, et je me suis vu forcé d'intercaler une récolte d'avoine entre le défrichement du sol et la culture de la betterave, pour avoir de beaux produits : alors on peut, sur le même terrain, espérer deux récoltes successives de betteraves de la plus grande beauté. Si le sol des prairies naturelles est sec et peu lié, on peut semer la betterave six mois après le défrichement ; mais, à la suite du défrichement des luzernes, je n'ai jamais obtenu de bons résultats qu'après une récolte intermédiaire de céréales : dans ces sortes de terrains, les betteraves ont été constamment plus belles la seconde année que la première.

Les terres sèches, calcaires, légères, etc., conviennent peu à la betterave.

Les terres fortes, argileuses sont peu propres à la culture de cette racine.

Pour que la betterave prospère, il faut en général un sol meuble et fertile, dont la couche de terre végétale ait au moins douze à quinze pouces d'épaisseur.

Cette racine vient plus ou moins bien dans toutes les terres arables; mais ses produits varient prodigieusement selon la nature des sols. Une bonne terre peut fournir cent milliers de betteraves par hectare, un terrain maigre n'en donnera que dix à vingt. Sur cinquante à soixante hectares que je mets en culture chaque année, dans des sols de nature très-différente, le terme moyen du produit est assez constamment de quarante milliers par hectare.

La valeur des betteraves ne peut pas être calculée d'après la grosseur et le poids : les grosses racines, qui pèsent souvent dix à vingt livres, contiennent beaucoup d'eau; leur suc marque à peine cinq à six degrés au pèse-liqueur, tandis que celui des betteraves qui pèsent moins d'une livre marque huit à dix degrés : ainsi le suc de ces dernières contient deux fois plus de sucre sous le même volume, et l'extraction en est plus facile et moins coûteuse, attendu que l'évaporation exige beaucoup moins de temps et de combustible. D'après cela, je préfère, pour ma fabrique, les betteraves du poids d'une à deux livres, quoique le terrain qui les fournit n'en donne pas plus de vingt-cinq à trente milliers à l'hectare.

ARTICLE III.

De la préparation du sol.

En général, je cultive la betterave dans presque toutes les terres qui sont destinées à recevoir la semence des blés en automne.

On les dispose à cette culture par trois bons labours, dont deux se donnent en hiver et le troisième au printemps : ce dernier enfouit le fumier qu'on a mis sur le sol, après le second labour, dans la même quantité que si on voulait y semer immédiatement le froment.

Dans un temps où la culture de la betterave était moins connue, on a cru que le fumier rendait cette racine bien moins riche en sucre et la disposait à produire du salpêtre ; je n'ai rien observé de tout cela, et n'ai aperçu, entre les betteraves fumées et celles qui ne le sont pas, que la différence de grosseur. Ce qui a pu établir l'opinion que je combats, c'est que le suc est plus concentré dans les petites, et fournit par conséquent plus de sucre sous le même volume.

ARTICLE IV.

De la manière de semer la graine de betterave.

On peut semer la graine de betterave de trois manières : 1°. en pépinière, 2°. en rayons, 3°. à la volée.

Le semis en couche ou pépinière offre l'avantage de prendre beaucoup moins de temps à l'agriculteur, dans une saison où tous ses momens sont précieux; on transplante ensuite les jeunes plants dans le mois de juin, avant la coupe des foins : de sorte que cette culture ne nuit en aucune manière aux travaux ordinaires de la campagne. Mais cette méthode offre de graves inconvéniens : le premier de tous, c'est que, quelques précautions qu'on prenne en arrachant les jeunes plantes, il est difficile de ne pas laisser dans la terre l'extrémité de la queue de la plupart, et que dès-lors elles ne plongent plus dans le sol; leur surface se recouvre de radicules, et elles grossissent, comme les raves, sans s'allonger : le second, c'est qu'en plantant la betterave on replie la pointe très-fine et très-délicate de

l'extrémité, et on éprouve encore l'inconvénient que je viens de signaler.

Il convient néanmoins à l'agriculteur d'a-
voir quelques milliers de betteraves en pépinière, pour pouvoir garnir les vides qui se
trouvent toujours dans les champs lorsqu'on
sème par d'autres moyens.

On peut encore semer les betteraves à la
volée comme les graines des céréales; et dans
ce cas, après avoir bien préparé la terre par
de bons labours et uni la surface avec le rou-
leau, on procède à l'ensemencement.

On recouvre la graine par la herse, qu'on
passe deux fois en croisant. Cette méthode
exige au moins cinq à six kilogrammes de
graine par hectare.

Ce procédé est le plus généralement suivi,
et je l'ai pratiqué pendant sept à huit ans;
mais aujourd'hui je donne la préférence à
l'ensemencement par rayons, parce que je le
trouve bien plus sûr et plus économique. A
cet effet, dès que la terre est bien préparée,
je trace sur la surface du sol des sillons de
demi-pouce à un pouce de profondeur, à
l'aide d'une herse armée de quatre dents dis-

tantes l'une de l'autre de dix-huit pouces; des femmes qui suivent la herse, déposent les graines dans les sillons, à la distance de seize pouces l'une de l'autre, et elles les recouvrent avec la main. Chaque femme peut semer, de cette manière, six à huit mille graines par jour. La quantité de graines nécessaires est à-peu-près la moitié de celle qu'on emploie à la volée, et le sarclage des betteraves est bien plus facile et moins coûteux.

En Angleterre, on a adopté un procédé pour la culture des racines, qui doit avoir de grands succès. On ouvre un profond sillon et on dépose le fumier dans le fond; on en trace un second parallèlement, qui recouvre le premier; on sème les graines dans la longueur des sillons, de manière que la graine soit constamment placée perpendiculairement au fumier : d'après ces dispositions, la racine, trouvant une terre meuble, plonge jusqu'au fumier, qui entretient sa fraîcheur et lui fournit ses engrais.

Mais quelle que soit la méthode qu'on emploie pour semer la betterave, il faut observer, 1°. de ne semer que sur des terres fraîches et naturellement fertiles; 2°. de ne pas placer la graine à plus d'un pouce de profondeur; 3°. de ne pas semer trop épais.

ARTICLE V.

Des soins qu'exige la betterave pendant sa végétation.

Il y a peu de plantes qui exigent plus de soins que la betterave; le voisinage des plantes étrangères arrête son développement, et lorsque la terre n'est pas meuble et remuée autour d'elle, elle languit, jaunit et ne se développe point.

Dès que la plante a commencé à pousser ses secondes feuilles, il faut lui donner un premier sarclage : si on a semé à la volée, on ne peut travailler la terre qu'à la main et avec une pioche légère; on déracine toutes les herbes, on arrache des betteraves pour laisser un espace de quinze à dix-huit pouces entre celles qu'on laisse. Si on a semé en sillons, on emploie le cultivateur et un cheval, et on travaille le pied des racines à la pioche. Il faut pratiquer l'opération du sarclage au moins deux fois dans la saison.

Le sarclage ouvre la terre à l'air et à l'eau ; il la nettoie des mauvaises herbes. Après chacune de ces opérations, on voit les betteraves se ranimer, leur couleur se foncer en vert ; la racine grossit, les feuilles augmentent de volume.

Depuis que je sème en rayons, je passe le cultivateur deux à trois fois dans le courant de l'été, et ne nettoie qu'une fois, par un bon labour fait à la pioche, les pieds des betteraves.

Le cultivateur fait au moins un demi-hectare par jour, et cinq à six journées d'hommes suffisent pour le reste. Je trouve une économie de plus de moitié en employant cette méthode. Chaque sarclage à la pioche coûterait au moins vingt francs par arpent.

Le produit d'un champ dont la terre est fréquemment remuée est au moins le double de celui dont les sarclages ont été négligés.

ARTICLE VI.

De l'arrachement des betteraves.

En général, on arrache les betteraves dans le courant du mois d'octobre : cette opération doit être terminée avant les gelées. Lorsqu'on est surpris par des froids précoces, et que les moyens de transport ne suffisent pas pour mettre ces racines à l'abri on les dispose en tas dans les champs, et on les recouvre de leurs feuilles; celles qui sont encore dans la terre craignent beaucoup moins les gelées que celles qui sont arrachées.

L'époque que je viens d'indiquer est la plus convenable pour les environs de Paris et le centre de la France; mais comme la végétation est plus hâtive dans le midi, la betterave y parvient à maturité avant le mois d'octobre, et il faut avancer l'époque de l'arrachement : sans cela, le principe sucré peut disparaître par une nouvelle élaboration des sucs du végétal après la maturité. Ce fait me paraît avoir été suffisamment constaté par M. Darracq. Cet habile chimiste, de concert avec M. le comte Dangos, préfet du département des Landes, avait tout préparé pour établir une sucrerie. Dès le mois de juillet jusqu'à la fin d'août, il fit l'essai des betteraves tous les huit jours, et en retira constamment trois et demi à quatre pour cent de beau sucre : rassuré sur ces résultats, il discontinua ses essais pour se livrer tout entier aux soins qu'exigeait l'établissement ; mais quelle ne fut pas sa surprise lorsque, vers la fin d'octobre, les betteraves ne lui fournirent plus que des sirops et du salpêtre, et pas un atome de sucre cristallisable !

En général, on peut arracher les betteraves du moment que les grosses feuilles jaunissent.

Si on les récolte avant l'époque de leur maturité, elles se flétrissent, se rident et deviennent molles ; le suc qu'on en extrait est d'un travail plus difficile, et le sucre a moins de consistance.

A mesure qu'on arrache les betteraves on en sépare les feuilles, qu'on laisse sur le sol : les bœufs, les vaches, les moutons et les porcs les mangent sur place ; mais elles sont si abondantes, qu'il en reste encore suffisamment pour fournir un demi-engrais à la terre : c'est sur ce sol et sans labour que je sème mes blés, que j'enterre par un léger trait de charrue.

Comme la terre a été fumée au printemps et bien nettoyée par les sarclages répétés, les blés y sont très-beaux et très-nets. Les premiers labours et le fumier servent donc à deux récoltes, et on économise les labours d'automne, qu'on donne aux terres destinées à recevoir du froment ou du seigle.

ARTICLE VII.

De la conservation des betteraves.

Les betteraves s'altèrent par le froid et la chaleur ; elles se gèlent à la température d'un degré au-dessous du terme de la glace, elles germent à huit ou dix degrés au-dessus : la gelée les ramollit et détruit leur principe sucré ; elles se pourrissent du moment qu'elles sont dégelées.

La chaleur développe des tiges au collet de la racine, et décompose les sucs qui fournissent à cette végétation. Lorsque la germination est peu avancée, l'altération des sucs n'est que locale, de manière qu'en coupant le collet un peu profondément, on peut travailler le surplus de la racine sans inconvénient.

Ainsi, pour conserver les betteraves, il faut les garantir des gelées et de la chaleur.

Le premier soin que doit prendre l'agriculteur est de ne les mettre en magasin qu'autant qu'elles sont sèches : à cet effet, après les avoir arrachées, on peut les laisser dans les champs jusqu'à ce que le temps ait fait évaporer toute l'humidité ; mais lorsqu'on a une récolte considérable à charrier, on ne peut pas espérer, sur-tout en automne, une suite de jours assez favorables pour ne pas enfermer des betteraves mouillées : les soins qu'on est forcé de leur donner alors pendant l'hiver préviennent tous les événemens de décomposition.

J'ai une vaste grange, où j'entasse mes betteraves à la hauteur de sept à huit pieds, à mesure qu'on les porte des champs. Je n'emploie pas d'autre précaution que de former contre les murs d'enceinte une couche de paille ou de bruyère, qu'on élève à la hauteur des betteraves, et de recouvrir le tas avec de la paille lorsqu'on est menacé de gelée : depuis dix ans, ma récolte de betteraves n'a pas souffert ; il est arrivé deux ou trois fois que les betteraves germaient avec assez de force pour faire craindre qu'elles ne se décomposassent ; je me suis borné à démonter le tas, à déplacer les betteraves, et la végétation s'est arrêtée.

Il y a des cultivateurs qui laissent les betteraves dans les champs ; ils creusent une fosse dans un terrain sec, et donnent au fond une légère pente pour faciliter l'écoulement des eaux. On remplit cette fosse de betteraves et on les recouvre d'un pied de terre, sur laquelle on place un lit de bruyère ou de genêt, afin que les eaux des pluies ne puissent pas s'y infiltrer. On peut garnir le fond et les côtés de la fosse d'une couche de paille ou de bruyère.

Au lieu de creuser des fosses, ce qui est toujours dispendieux, il suffit de former des tas de betteraves sur un sol sec, et de garnir les côtés et le sommet de couches de terre :

on peut recouvrir le tout d'un toit semblable à celui dont je viens de parler.

Ce moyen de conservation doit être employé lorsqu'on n'a pas de magasin convenable, ou lorsqu'on manque en automne de moyens de transport suffisans.

SECTION II.

De l'extraction du sucre de betterave.

Je ne tracerai pas la marche pénible qu'on a été forcé de suivre avant d'arriver à des méthodes sûres et à des résultats certains ; je me bornerai à décrire les procédés les plus simples et les plus avantageux qu'on exécute en ce moment, et je prendrai mes exemples dans ma propre pratique, éclairée par douze années d'observations et d'expériences. J'ai successivement exécuté tous les procédés connus, j'ai tenté tous les moyens de perfectionnement qui ont été proposés : je suis parvenu à régulariser et à améliorer l'ensemble des opérations, et je ne décrirai que ce que j'ai éprouvé et constaté moi-même.

ARTICLE PREMIER.

De l'épluchement des betteraves.

Avant de soumettre les betteraves à la dent de la râpe, il faut les nettoyer de la terre qu'elles apportent des champs, en couper le collet, enlever les radicules qui sont sur la surface et séparer ce qui peut être pourri ou carié.

Dans plusieurs fabriques, on se borne à laver les betteraves ; mais cette opération ne peut pas être avantageusement pratiquée dans toutes les localités : c'est pour cette raison que j'ai renoncé à ce lavage préliminaire, et je n'en ai éprouvé aucun mauvais effet.

Huit femmes peuvent aisément éplucher dix milliers de betteraves par jour.; elles en préparent jusqu'à quinze et vingt milliers lorsque la racine est grosse et peu chargée de terre.

ARTICLE II.

Du râpage des betteraves.

La betterave bien nette est soumise à l'action d'une râpe, qui en déchire le tissu et le convertit en pulpe.

La râpe est mue par un manége ou par un cours d'eau. La rapidité de son mouvement doit être telle, qu'elle fasse au moins quatre cents révolutions sur son axe par minute.

Les râpes que j'emploie sont des cylindres en tôle de vingt-quatre pouces de diamètre sur quinze de longueur, dont la surface est garnie de quatre-vingt-dix lames de fer armées de dents de scie, fixées par des écroux perpendiculairement à l'axe et placées dans la longueur du cylindre.

Les betteraves pressées contre la râpe par des femmes dont la main est munie d'un morceau de bois, sont à l'instant déchirées, et la pulpe se ramasse dans une caisse doublée de plomb placée au-dessous. La table sur laquelle on met les betteraves qui vont être broyées ne laisse qu'un faible intervalle entre elles et les dents des lames pour ne donner passage qu'à la pulpe.

Le râpage des betteraves doit être prompt, sans cela la pulpe se colore et brunit, la fermentation s'établit, et l'extraction du sucre en devient plus pénible. A l'aide de deux râpes mues par le même manége, je réduis en pulpe cinq milliers de betteraves en deux heures.

La pulpe ne doit contenir aucun morceau de betterave qui n'ait pas été déchiré.

L'action de la râpe ne peut point être remplacée par la compression; les cellules des betteraves qui en contiennent le suc ont besoin d'être déchirées; les presses les plus fortes ne peuvent extraire de la racine que quarante à cinquante pour cent de suc, tandis que la pulpe bien travaillée en fournit depuis soixante-quinze jusqu'à quatre-vingt.

ARTICLE III.

De l'extraction du suc.

A mesure que la pulpe tombe dans la caisse placée sous les râpes, on en remplit de petits sacs d'une toile forte, tissue avec de la ficelle;

on place ces sacs sur le plateau d'une bonne presse à vis de fer, et on leur fait subir une très-forte pression; on desserre la presse, on change de place les sacs, on remue le marc qu'ils contiennent et on donne une seconde pression.

On peut soumettre la pulpe à la pression d'une presse à cylindre pour en extraire d'abord soixante pour cent de suc, et terminer ensuite l'opération par la presse à vis en fer; mais cette dernière peut suffire à une exploitation de dix milliers de betteraves par jour.

Lorsqu'on a terminé l'opération, le marc doit être desséché, au point qu'en le serrant fortement dans la main elle n'en soit pas mouillée. Le suc qui découle de la presse se rend par des canaux de plomb dans une chaudière, où il subit une première préparation dont je parlerai tout-à-l'heure.

A défaut de presses à vis de fer, on peut employer un pressoir de vendange, une presse à levier ou à cylindre, etc.

Le travail de la presse doit se terminer à-peu-près en même temps que celui des râpes; immédiatement après, on lave avec soin tout ce qui a été mouillé par le suc, pour se préparer à une nouvelle opération. Il est nécessaire d'entretenir la plus grande propreté dans l'atelier : sans cela, les râpes se rouillent, le suc s'altère, et le travail des chaudières devient difficile.

Le suc extrait de la betterave ne présente pas toujours le même degré de concentration ; cela varie depuis cinq jusqu'à dix degrés, selon la grosseur des racines, la nature du sol, et l'état de l'atmosphère pendant la végétation : les racines les plus volumineuses fournissent un suc moins concentré que les petites ; celles qui proviennent d'un sol sec et léger, et celles qui ont éprouvé des chaleurs continues et une grande sécheresse, donnent un suc qui marque jusqu'à onze degrés, mais il est peu abondant. Plus les sucs sont pesans, plus ils contiennent de sucre sous le même volume, et plus l'extraction est économique.

ARTICLE IV.

De la défécation du suc.

Du moment que la chaudière qui reçoit le suc que fournissent les presses est remplie au tiers, on allume le feu, et pendant que le suc continue à couler, on élève la chaleur jusqu'au soixante-cinquième degré de Réaumur (*).

Dans le temps que le suc s'échauffe et qu'on remplit la chaudière, on prépare un lait de chaux, en faisant fuser dans un ba-

(*) Je travaille dix milliers de betteraves par jour en deux opérations de cinq milliers chacune : la première commence à quatre heures du matin et la seconde à midi. La chaudière ronde qui reçoit le suc d'une opération a cinq pieds six pouces de diamètre et trois pieds huit pouces de profondeur ; j'ai une chaudière pour chaque opération. Chacune a deux robinets, dont l'un est placé tout-à-fait au fond et l'autre à cinq pouces au-dessus. Entre ces deux chaudières, il y en a deux plates, de la profondeur de quinze pouces et capables de recevoir chacune tout le suc d'une opération : c'est dans ces dernières que se fait l'évaporation ; les bords de ces quatre chaudières doivent être très-évasés pour recouvrir l'épaisseur du mur dans lequel elles sont enchâssées.

J'ai placé mes râpes et mes presses au premier étage,

quet dix livres de chaux, sur laquelle on verse peu-à-peu de l'eau tiède (*).

Dès que la chaudière a reçu tout le suc et que la chaleur s'est élevée à soixante-cinq degrés, on y verse le lait de chaux, et on a l'attention d'agiter et de brasser en tout sens pour bien opérer le mélange. Après cette opération, on pousse le feu pour porter le liquide au degré de l'ébullition; il se forme à la surface une couche d'écume épaisse et gluante; et du moment qu'un premier bouillon ou des bulles qui se font jour à travers l'écume commencent à paraître à la surface, on éteint promptement le feu en jetant un seau d'eau dans le foyer. Alors la couche d'écume s'épaissit, se dessèche et durcit par le repos; le suc se clarifie, il prend une légère teinte jaune,

afin de faire couler le suc dans les chaudières placées au rez-de-chaussée, par des canaux revêtus de plomb, sans aucun frais de transport; et d'après ces dispositions j'ai pu élever assez les chaudières dépuratoires pour qu'en ouvrant leurs robinets le suc puisse couler dans les évaporatoires.

(*) Ma chaudière contient seize à dix-huit cents litres de suc, de sorte que j'emploie la chaux dans la proportion d'environ trois grammes.

et lorsqu'il est devenu très-limpide et qu'on ne voit plus flotter ni grains de chaux ni flocons de mucilage, on enlève avec beaucoup de soin, à l'aide d'une écumoire, les écumes, qu'on jette dans un baquet pour en exprimer ensuite les sucs qu'elles contiennent; après cela, on ouvre le robinet supérieur et on fait couler dans la chaudière évaporatoire.

Il faut près d'une heure de repos pour que le suc se clarifie, et on ne doit commencer l'évaporation que lorsqu'il est parfaitement limpide.

Dès qu'on a fait couler tout le suc que peut fournir le robinet supérieur, on ouvre le second, et si le suc qui en provient est clair, on le mêle avec le premier; si, au contraire, il est louche et chargé, on ferme le robinet pour lui donner le temps de se dépouiller, et on ne l'emploie que vers la fin de l'évaporation.

Le dépôt qui se forme au fond de la chaudière rend troubles les dernières portions de suc; mais du moment qu'on s'aperçoit du changement de couleur, on reçoit ce qui reste dans le baquet qui contient les écumes.

Le dépôt qui s'est formé au fond de la chaudière et les écumes sont exprimés à l'aide d'une presse à levier, d'une construction extrêmement simple et d'une manœuvre aussi facile que peu dispendieuse.

Sur un bloc de pierre carré dont les côtés ont trois pieds de diamètre, et dont la surface, légèrement inclinée, est creusée de cannelures profondes d'un pouce, qui se réunissent toutes en rayons à l'angle le moins élevé, je place un panier cylindrique d'osier ; les parois intérieures de ce panier sont recouvertes d'un sac de grosse toile, dont les bords se replient et tombent en dehors ; je verse le dépôt et les écumes dans ce sac, j'en ramène les bords au centre et je les lie avec une ficelle ; je place par-dessus un plateau de bois du diamètre de l'intérieur du panier, je le charge de quelques carrés de bois, qui débordent la partie supérieure et servent de point d'appui au levier. Le tout étant ainsi disposé, j'adapte le levier qui a quinze pieds de long ; il est fixé par une extrémité à un anneau que porte une barre de fer scellée à la pierre, et je charge l'autre bout avec des

poids de fonte de vingt-cinq à cinquante kilogrammes, que j'augmente à volonté, de
manière à obtenir une pression graduée,
constante et aussi forte que je le désire. Le
suc qui coule est reçu dans des baquets et
versé dans la chaudière où se fait l'évaporation.

La dépuration du suc est la plus importante de toutes les opérations : si le suc n'est
pas parfaitement dépouillé et clarifié, l'évaporation et les cuites sont longues et pénibles,
le suc monte et se boursouffle dans les chaudières, le sucre cristallise mal et reste empâté
de mélasse.

Le séjour prolongé du suc dans la chaudière dépuratoire ne suffit pas toujours pour
que la chaux monte avec les écumes ou se
précipite en dépôt; il peut arriver que, quelque précaution qu'on prenne, le suc conserve
une couleur trouble, et dès-lors il ne faut pas
s'attendre à de bons résultats : j'ai soigneusement recherché la cause de ces accidens ; j'ai
essayé d'y remédier, et je ne rapporterai ici
que ce qui me paraît suffisamment constaté
par l'observation ou l'expérience.

Lorsqu'on travaille des betteraves qui ont trop fortement germé, ou qui sont pourries ou gelées en partie, la dépuration du suc se fait mal.

Lorsque l'opération des râpes et des presses est trop lente, et que le suc reste cinq à six heures avant d'être épuré, la décomposition commence à s'opérer et on ne peut pas obtenir de bons résultats.

Lorsqu'on néglige de laver soigneusement, après chaque opération, les râpes, les presses, les conduits, les chaudières, les sacs, les toiles, et en un mot tous les ustensiles qui ont été imprégnés de sucs, tout devient pénible et sans succès.

J'ai observé une fois que des betteraves emmagasinées dans une cave, où elles n'avaient ni gelé ni germé, travaillées dans les premiers jours du mois de mars, n'ont pas fourni de sucre; elles paraissaient très-saines, mais un peu plus molles que celles que j'avais conservées dans des granges.

Si les premières opérations sont mal conduites, il en résulte constamment de mauvais effets. Je n'ai pu, à cet égard, que tracer la marche qu'on doit suivre pour les prévenir.

Les betteraves bien conservées peuvent être travaillées avec un égal succès depuis le commencement d'octobre jusqu'à la fin de mars.

Lorsque le suc est mal épuré, on peut verser dans la chaudière évaporatoire, un peu avant l'ébullition, une petite quantité d'acide sulfurique; on remédiera par là au mal s'il provient d'une trop grande quantité de chaux qu'on aura employée; mais ce moyen sera inutile si le vice est dans le suc altéré de la betterave.

On peut encore forcer la dose du charbon animal; on est sûr, par ce moyen, de rendre l'évaporation et les cuites plus faciles; mais si le suc est altéré, on n'obtiendra que peu de sucre.

Dans l'opération de la défécation, la chaux se combine avec le principe mucilagineux de la betterave et neutralise l'acide malique qu'elle contient. Après cette opération, le suc pèse un degré à un degré et demi de moins qu'auparavant.

ARTICLE V.

De la concentration ou évaporation du suc dépuré.

Du moment que le fond de la chaudière évaporatoire est couvert de suc, on allume le feu et on porte à l'ébullition le plus promptement possible : le suc qui continue à couler de la chaudière défécatoire remplace ce qui s'échappe par l'évaporation.

Lorsque le suc bouillant marque de cinq à six degrés de concentration, on commence à y jeter du charbon animal, et on continue en augmentant la dose peu-à-peu, jusqu'à ce que le suc soit concentré au vingtième degré. On emploie, de cette manière, vingt-cinq kilogrammes de charbon par chaque opération de seize à dix-huit cents litres de suc.

Une fois qu'on est parvenu au vingtième degré de concentration, on soutient l'évaporation jusqu'à ce que le sirop bouillant marque vingt-sept à vingt-huit degrés au pèse-liqueur.

Ce sirop, mêlé avec le charbon animal, a besoin d'être filtré. Cette opération, exécutée par les procédés ordinaires, est très-longue et souvent impraticable : le refroidissement augmente la consistance du sirop de deux à trois degrés ; alors le charbon, très-divisé, bouche les pores des filtres, et la filtration s'arrête en très-peu de temps.

Pour obvier à ces inconvéniens, je place un grand panier d'osier sur une chaudière, je garnis son intérieur d'un sac de toile d'un égal diamètre, mais au plus d'environ deux pieds ; je verse dans le sac le suc épaissi : la filtration se fait très-bien pendant quelques minutes ; mais lorsque le sirop s'épaissit par le refroidissement, elle devient plus lente et finirait par s'arrêter : alors je replie vers l'intérieur du panier les bords du sac, et je mets par-dessus un plateau de bois, que je charge graduellement de poids de fonte, pour opérer une pression convenable : la filtration est terminée en deux à trois heures.

Le charbon contenu dans le sac est lessivé à l'eau tiède, et ensuite exprimé à la presse à levier, pour en extraire tout le sirop qui y est contenu. Ces eaux de lavage sont réunies le lendemain, dans les chaudières évaporatoires, aux sucs dépurés préparés dans le jour.

La conversion du suc en sirop doit être faite le plus promptement possible; lorsque l'évaporation est lente, la liqueur devient pâteuse, une partie du sucre se décompose et passe à l'état de mélasse, les cuites en deviennent plus difficiles : il faut donc conduire l'évaporation à gros bouillons, et pour cela il convient d'employer des chaudières larges et plates, de ne chauffer que des couches de liquide peu épaisses, et de construire les fourneaux de manière qu'ils chauffent bien et également, afin que l'ébullition ait lieu à-la-fois sur toute la masse du liquide. L'évaporation de seize cents litres de suc doit être terminée en quatre heures.

On reconnaît que l'opération est bonne et le suc bien préparé lorsque l'ébullition se fait sans que le liquide *monte* ou se boursouffle, lorsqu'il ne se forme à la surface que des écumes brunâtres dont les bulles disparaissent en un clin-d'œil toutes les fois qu'on les puise avec une cuiller, lorsqu'en frappant sur la liqueur on produit un bruit sec. Si au contraire il se forme des écumes blanchâtres, poisseuses, qui ne s'affaissent point, l'opération est mauvaise, l'évaporation est longue et la cuite difficile. Dans ce dernier cas, on jette de temps en temps un peu de beurre sur la surface pour calmer l'effervescence, on augmente la dose du charbon animal, on ralentit le feu; mais tous ces palliatifs ne corrigent pas le vice radical, et ces symptômes présagent toujours de mauvais résultats.

ARTICLE VI.

De la cuite des sirops.

Les sirops préparés la veille sont cuits le lendemain pour en extraire le sucre.

Les produits des deux opérations de cinq milliers de betteraves chacune, sont réunis dans une chaudière, d'où on les tire successivement pour en former quatre cuites.

On verse donc le quart de ces sirops dans une chaudière ronde, de quarante pouces de diamètre sur vingt pouces de profondeur, et on allume le feu. On porte à l'ébullition, qu'on entretient jusqu'à ce que l'opération soit terminée.

On juge que la cuite se fait bien :

1°. Lorsque le sirop *bout sec*, et que les bouillons, en rentrant dans la masse, produisent un *bruit sensible*;

2°. Lorsqu'en frappant avec l'écumoire sur la surface du bain, on entend un *bruit sec*, comme si on frappait sur de la soie;

3°. Lorsqu'en puisant de l'écume avec une cuiller, les bulles disparaissent à l'instant; enfin la cuite a été parfaite toutes les fois qu'après qu'elle est terminée, la chaudière ne présente aucune trace de noir sur sa surface intérieure.

On reconnaît que la cuite est mauvaise et qu'on doit mal augurer de ses résultats aux signes suivans :

1°. Lorsqu'il se forme une écume épaisse, blanche et gluante à la surface du *bain*;

2°. Lorsque la liqueur monte en écume et ne s'affaisse point;

3°. Lorsqu'il s'échappe des bouffées d'une fumée âcre, qui annoncent que la cuite *brûle*.

On parvient à pallier ces accidens et à terminer la cuite :

1°. En enlevant les écumes à mesure qu'elles se forment;

2°. En jetant dans la cuite de petits morceaux de beurre;

3°. En agitant la liqueur avec une grande spatule;

4°. En mêlant à la cuite un peu de charbon animal;

5°. En modérant la chaleur.

Pour éviter une partie de ces accidens, je verse à grands flots le sirop dans la chaudière, et j'enlève l'écume blanchâtre qui se forme; j'agite avec force trois ou quatre fois le sirop avant qu'il entre en ébullition, et j'écume chaque fois. Ces écumes sont mises dans un baquet, ainsi que celles qui se développent pendant tout le temps que dure la cuite; on les traite ensuite à la presse à levier, et on lave le résidu pour en extraire tout ce qu'elles contiennent. Les sirops qui sont exprimés par la presse sont employés dans les cuites du lendemain, et on verse les eaux de lavage dans les chaudières évaporatoires.

Lorsque les cuites s'annoncent mal, surtout lorsqu'on voit paraître ces bouffées de fumée piquantes, qui prouvent que la cuite *brûle*, il faut l'arrêter de suite, et traiter de nouveau les sirops avec le noir animal : dans ce cas, on les délaie avec de l'eau pour les faire tomber à dix-huit ou vingt degrés de concentration ; on y ajoute le charbon ; on chauffe, et on les porte à vingt-huit degrés par l'ébullition ; on filtre et l'on cuit. J'ai observé plusieurs fois que, par ce seul moyen, on pouvait rétablir en bonne qualité un mauvais sirop.

Je me suis beaucoup occupé de cette matière grasse, blanchâtre, onctueuse et colante, qui est presque inséparable des sirops, et qui, lorsqu'elle est abondante, ne permet d'amener aucune cuite à une heureuse fin : elle *engraisse* le sirop, elle s'attache aux parois des chaudières et noircit ; elle se détache des sirops à mesure qu'on les concentre, et ne permet plus de pouvoir en terminer la cuite.

J'ai observé que cette matière était d'autant plus abondante, que les betteraves ont plus germé, que la dépuration du suc a été plus imparfaite et l'évaporation plus lente. Le charbon animal en réduit singulièrement la quantité, et la fait même disparaître ou l'empêche de se former lorsqu'il est bien employé.

Cette matière, que j'ai eu occasion de ramasser souvent et en grande quantité pendant les premières années de mon exploitation, s'épaissit et durcit par le refroidissement; elle est insoluble à l'eau et à l'alcool; elle brûle en répandant une flamme blanche et inodore; elle a tous les caractères de la cire végétale et n'en diffère en aucune manière.

La cuite est terminée lorsque le sirop bouillant a été porté à quarante-quatre ou quarante-cinq degrés de concentration : on reconnaît qu'il faut retirer la cuite de la chaudière aux signes suivans :

1°. On plonge l'écumoire dans le sirop bouillant, on la retire et on passe rapidement le pouce de la main droite sur la surface ; on manie entre le pouce et l'index la couche de sirop qu'on a emportée, jusqu'à ce que la chaleur soit tombée à la température de la peau, on sépare alors brusquement les deux doigts. Lorsque la cuite n'est pas à son terme, il ne se forme pas de filet dans l'intervalle des deux doigts. La cuite est bien avancée du moment que le filet se forme ; elle est terminée dès que le filet casse net, et que la partie supérieure se replie en spirale et qu'elle a la demi-transparence de la corne. Cette manière d'essayer les cuites est connue sous le nom de *preuve*.

2°. On juge encore qu'une cuite est terminée lorsque le sirop ne mouille plus les parois de la chaudière, et qu'en soufflant avec force sur une écumoire imprégnée de sirop, il s'échappe, par les trous de l'écumoire, des bulles qui voltigent dans l'air comme de petites bulles de savon. Dès qu'on juge que la cuite est faite, on éteint le feu, et quelques minutes après, on la transporte dans un grand chaudron de cuivre, qu'on appelle *rafraîchissoir*.

Le rafraîchissoir est placé dans une pièce de l'atelier voisine des chaudières; sa capacité doit être suffisante pour recevoir le produit des quatre cuites qu'on y verse successivement.

Le refroidissement qu'éprouvent les cuites dans le rafraîchissoir ne tarde pas à opérer la cristallisation du sucre; les cristaux se précipitent d'abord dans le fond, où ils forment une couche assez épaisse, mais sans cohérence;

peu-à-peu les parois se recouvrent de cristaux solides, et il se forme alors sur la surface une croûte de sucre, qui s'épaissit insensiblement.

C'est dans ce moment qu'on vide le rafraîchissoir pour emplir les formes où doit se terminer la cristallisation (*).

A l'aide d'une grande spatule on agite et brasse avec soin le produit des cuites contenu dans le rafraîchissoir, et lorsque le tout est bien mélangé, on verse peu-à-peu dans les formes et à plusieurs reprises dans chacune,

(*) On emploie à cette opération les formes qu'on connaît dans les raffineries sous le nom de *grandes bâtardes*. Ce sont de grands vases de terre cuite, coniques, percés d'une petite ouverture au sommet et pouvant contenir quarante-cinq kilogrammes du sirop des cuites. On les distingue dans les ateliers en grandes et petites bâtardes, en formes de deux, de trois et de quatre, selon leur capacité. On les a remplacées dans plusieurs ateliers par des formes fabriquées avec des planches de bois résineux. M. Mathieu de Dombasle a proposé ce changement, qui peut être avantageux sous le rapport de l'économie dans les pays où ce bois est abondant.

Avant de mettre le produit des cuites dans les formes, on les fait tremper dans l'eau, d'où on les retire peu de temps avant de les employer, pour les faire égoutter; on bouche avec de vieux linge l'ouverture de la pointe et on les dresse contre le mur pour recevoir la cuite.

en allant de l'une à l'autre, de manière qu'on les remplisse toutes également; on laisse un pouce d'intervalle entre les bords supérieurs de la forme et le sirop.

Dès que les formes sont remplies, on les porte dans la pièce la plus froide de l'atelier, pour faciliter la cristallisation (*).

A mesure que le refroidissement s'opère, la cristallisation continue sur les parois des formes et à la surface. Du moment que la croûte des cristaux a pris un peu de consistance, on perce cette couche avec une spatule de bois, et on agite l'intérieur en tout sens et avec soin pour ramener dans le centre les cristaux qui se sont déposés sur les parois.

(*) Les cuites provenant du travail de dix milliers de betteraves remplissent neuf grandes bâtardes lorsque les opérations ont été bien conduites. Chaque bâtarde contient quatre-vingt-cinq à quatre-vingt-dix livres de sirop cuit.

Lorsque les cuites sont lentes ou qu'on ne les fait pas sans interruption, on verse partiellement du rafraîchissoir dans les formes sans attendre le produit des dernières. Si on n'avait pas cette attention, la cristallisation se terminerait dans le rafraîchissoir, et tout le contenu ne formerait qu'une masse qu'on ne pourrait plus vider dans les formes pour faire couler les mélasses.

Cette opération terminée, on abandonne la cristallisation à elle-même.

Trois jours sont plus que suffisans pour que tous les cristaux soient formés (*).

On enlève alors les tampons qui bouchaient la pointe des formes, et on les place sur des pots de terre pour faire couler la mélasse (**).

Huit jours suffisent pour que les cristaux se dépouillent de la plus grande partie de la mélasse qui les empâte.

On porte alors les formes dans une pièce, où l'on entretient, par le moyen d'un poêle,

______

(*) On reconnaît que l'opération est bonne, 1°. lorsque la surface de la masse cristallisée est sèche, et qu'en y passant la main on ne la trouve ni humide ni poisseuse;

2°. Lorsque la croûte de la surface s'affaise et se rompt dans le milieu : les raffineurs disent, dans ce cas, que le sucre fait la *fontaine*.

3°. La couleur jaune des cristaux est en général un bon indice; mais il est presque insignifiant pour le sucre de betterave, parce que la couleur a pu être noircie par le charbon animal lorsque la filtration des *clairces* ou sirops n'a pas été faite avec soin, mais le raffinage et la clarification font disparaître aisément cette couleur.

(**) Ces pots doivent avoir une capacité suffisante pour contenir dix-huit à vingt litres de mélasse.

une température constante de dix-huit à vingt degrés de Réaumur ; on les place sur de nouveaux pots, et on procède au lessivage du sucre qu'elles contiennent, pour en séparer une nouvelle partie de mélasse qui a refusé de couler : à cet effet, on brise et l'on égrène avec une lame de couteau la surface des pains, on l'unit avec soin, et on y verse sur chacun environ demi-livre d'un sirop blanc marquant vingt-sept à trente degrés (*). Ce sirop pénètre dans le pain, délaie et entraîne la mélasse, parce qu'il est moins concentré de trois ou quatre degrés. Si on l'employait moins concentré, il dissoudrait le sucre, et plus épais, il l'empâterait. On renouvelle trois fois cette opération de deux en deux jours.

Après un mois de séjour dans cette étuve, on peut *locher* les pains ou les extraire de leurs formes ; ils sont secs et bien dépouillés de mélasse. On les empile dans un magasin, où on les conserve pour le raffinage.

(*) Ce sirop n'est qu'une portion du sirop préparé pour les cuites.

ARTICLE VII.

De la cuite des mélasses et des sirops du lessivage.

Je mêle les mélasses que fournissent les sucres bruts ou de première cuite avec les sirops que j'ai fait filtrer sur les pains, et j'en opère la cuite. Les mélasses marquent trente-trois à trente-quatre degrés, les sirops trente et un à trente-deux, et leur mélange trente-deux à trente-trois.

Je verse cent vingt à cent trente litres de ce mélange dans la chaudière, et lorsque la chaleur approche de l'ébullition, j'ajoute environ une livre de charbon animal, que je mêle avec soin dans le bain.

Ces cuites sont plus difficiles que celles qui fournissent le sucre brut, mais avec des soins et de la patience on en tire un bon parti. Ces cuites rendent au moins un sixième de la quantité de sucre qu'on a extraite par la première opération. Ce produit est assez important pour qu'on cuise les mélasses, au lieu de les conserver pour la distillation comme on le fait presque par-tout.

Si les mélasses de la betterave étaient de la même qualité que celles de la canne, on pourrait les vendre avec avantage; mais elles ont un goût d'amertume qui les fait rejeter du commerce; il faut donc les épuiser de leur sucre cristallisable et les employer ensuite à la distillation. La différence des produits en alcool est presque nulle dans les deux cas.

Au lieu de déposer les cuites des mélasses dans des formes, je les verse, jour par jour, dans des tonneaux défoncés par un bout que je remplis peu-à-peu. Le sucre cristallise à merveille dans ces vaisseaux et les remplit à moitié.

Lorsqu'on veut raffiner ces sucres, que j'appellerai *sucres de mélasses* pour les distinguer des *sucres bruts* de première cuite, on enlève la mélasse qui surnage le dépôt des cristaux et on donne issue à celle qui les empâte, en la faisant écouler par de très-petites ouvertures qu'on pratique avec une vrille au fond du tonneau et sur tout le pourtour.

Le sucre dépouillé de toute la mélasse qui peut s'écouler, ne forme encore qu'une pâte grasse qu'on aurait bien de la peine à raffiner: je mets cette pâte dans des sacs de grosse toile et les exprime fortement sous la presse : le sucre ainsi purgé de mélasse a une couleur noire, mais la qualité en est excellente et le raffinage en est aussi facile que celui du meilleur sucre brut.

Lorsque les cuites du sucre brut *tournent mal* et que la cristallisation dans les formes est imparfaite; en un mot, toutes les fois que les sucres sont gras, sirupeux et ne se dépouillent qu'imparfaitement de leur mélasse, il ne faut pas s'obstiner à les raffiner en cet état; on doit les soumettre à la presse pour en exprimer toute la mélasse : dès ce moment, ils ne présenteront plus de difficulté pour les opérations du raffinage (*).

(*) Dans plusieurs établissemens de sucre de betterave, on a adopté l'usage des chaudières à bascule pour cuire les sirops : elles ont l'avantage de concentrer promptement et de pouvoir être vidées en un moment; mais elles ne conviennent que lorsqu'on opère sur des sucres secs peu chargés de mélasse, tels que ceux d'Amérique. Nos sucres de betteraves ne sont jamais aussi bien égouttés que ceux qui ont traversé les mers et ils exigent bien plus de soins dans les cuites. Ces chaudières me paraissent plus propres à brûler nos sirops que les anciennes, auxquelles j'ai toujours donné la préférence.

SECTION III.

Du raffinage du sucre de betterave.

Le raffinage du sucre de betterave est facile lorsque le sucre est très-sec, on doit donc donner tous ses soins aux premières opérations, pour le bien dépouiller de toute sa mélasse.

On peut réduire à deux toutes les opérations du raffinage, la clarification dans la chaudière et le blanchiment dans les formes.

Pour bien raffiner le sucre, il ne faut pas opérer à-la-fois sur de trop grandes quantités : j'ai constamment observé que lorsque je soumettais au même raffinage deux à trois milliers de sucre, les dernières cuites étaient plus grasses, et chaque opération moins parfaite que lorsque je ne travaillais que quatre cents kilogrammes à-la-fois (*) : c'est donc sur

(*) Je n'ai pas pu me rendre raison de cette différence, mais elle est réelle ; elle provient peut-être de ce que ne pouvant pas terminer mes cuites dans le même jour, le sirop clarifié s'altère par son séjour dans la chaudière, ou peut-être de ce qu'il est plus difficile de soigner une grande masse de sirop qu'une plus petite, quoique les ingrédiens qu'on emploie soient en proportion de poids.

cette dernière quantité que je vais établir mes calculs.

ARTICLE PREMIER.

De la clarification.

On remplit d'eau, aux deux tiers, une chaudière de quatre à cinq pieds de diamètre sur vingt-deux pouces de profondeur, on y mêle moitié d'eau de chaux, et on y fait dissoudre, à une légère chaleur, quatre cents kilogrammes de sucre brut.

Il faut que la dissolution ne marque pas plus de trente-deux degrés de concentration : si elle est plus forte, on l'affaiblit en y ajoutant de l'eau ; si elle est plus faible, on y fait dissoudre du sucre. La concentration à trente-deux degrés ne convient même que pour les sucres secs ; les sucres gras ne peuvent être portés qu'à vingt-neuf ou trente degrés : sans cela, la filtration est presque impossible.

On porte alors à l'ébullition, et lorsque le liquide est parvenu au soixante-cinquième degré de chaleur, on y ajoute quinze kilogrammes de charbon animal ; on brasse avec soin et à plusieurs reprises avec une spatule de bois, et, après une heure d'ébullition, on arrête le feu (*).

On filtre la dissolution bouillante à travers un tisu de gros drap, pour séparer le charbon, et lorsque la chaleur est tombée à quarante degrés, on jette dans la chaudière quarante blancs d'œufs, qu'on a délayés et fouettés dans quelques litres d'eau (**).

Dès que les blancs d'œufs sont dans le bain, on agite avec soin, et on continue à *mouver* jusqu'à ce que la chaleur soit parvenue à soixante-dix degrés. On cesse alors d'agiter,

(*) La dose du charbon animal doit varier d'après la différence de qualité du sucre ; elle doit être moindre lorsque le sucre est sec, et plus forte lorsqu'il est gras.

(**) J'ai observé que les blancs d'œufs se coagulaient entre le quarante et le quarante-cinquième degré de chaleur au thermomètre de Réaumur, et j'ai pris ce terme pour procéder à la clarification. J'ai vu dans plusieurs ateliers qu'on ajoutait les blancs d'œufs au moment de l'ébullition ; mais alors ils se coagulent de suite, la clarification n'est que partielle, et les sucres sortent brunâtres. On est obligé de les redissoudre trois ou quatre fois avant d'obtenir la blancheur convenable ; ce qui entraîne beaucoup de dépenses et une grande perte de sucre.

et on chauffe jusqu'au degré voisin de l'ébullition.

Au moment où le premier bouillon paraît, on éteint le feu, il se forme une couche d'écume épaisse à la surface, qu'on enlève après trois quarts d'heure de repos.

On filtre le bain chaud à travers un tissu de gros drap épais et serré : si le premier liquide qui passe n'est pas parfaitement clair, on le rejette sur le filtre, et on répète cette opération jusqu'à ce qu'on n'aperçoive flotter dans la liqueur aucun corpuscule, et qu'elle soit bien limpide.

Du moment que la liqueur est bien claire, on procède à la cuite, et on en forme cinq à six avec le produit de la clarification.

A mesure que les cuites sont faites, on les verse dans le rafraîchissoir, et de là dans des formes *de quatre*, qui peuvent recevoir vingt livres ou dix kilogrammes chacune. Ces opérations sont conduites de la même manière que celles que j'ai décrites en parlant des sucres bruts, avec la seule différence qu'on mouve et agite à deux reprises le sucre contenu dans les formes, avant qu'il soit pris en masse.

Trois jours après, on place les formes sur des *oules* ou pots, pour en faire couler la mélasse, et au bout de huit jours, on les dresse sur d'autres pots, pour travailler au blanchiment du sucre.

ARTICLE II.

Du blanchiment du sucre.

Les sucres clarifiés sont secs et d'une couleur jaune plus ou moins foncée, la saveur en est franche et douce.

Il ne s'agit plus que de les blanchir et de leur enlever le peu de sirop dont ils sont encore imprégnés. On peut parvenir à ce résultat par trois moyens, le terrage, l'alcool et les sirops.

1°. Le terrage est généralement employé dans les raffineries.

Lorsqu'on veut terrer les sucres, on prend de l'argile blanche, qu'on écrase et broie avec soin; on la met dans un tonneau défoncé par un bout, garni d'un rang de robinets placés les uns sur les autres sur toute la hauteur; on remplit le tonneau d'eau et l'on agite et remue

la terre pour qu'elle s'imbibe et se lave bien :
cette opération est répétée plusieurs fois. On
fait couler les eaux de lavage dès que la terre
s'est précipitée, et on en verse de nouvelle ;
on agite de la même manière, et l'on ne cesse
de laver que lorsque l'eau n'est plus chargée
d'aucune matière étrangère : alors on laisse agir
l'eau sur l'argile, jusqu'à ce qu'elle soit bien
divisée et qu'en la maniant dans la main on
ne trouve plus de grumeaux.

Dans cet état, on fait couler toute l'eau ;
l'argile se dessèche peu-à-peu, et lorsqu'elle
a assez de consistance pour ne plus couler
sur une planche lisse et légèrement inclinée,
elle est bonne à être employée.

Avant de placer la terre ainsi préparée sur
les pains de sucre contenus dans les formes,
on ratisse la surface du pain, on en enlève
une couche, qu'on remplace par du sucre en
poudre très-blanc, on tasse et unit avec soin,
et l'on recouvre ce sucre d'une couche d'argile
qu'on verse avec une cuiller.

L'eau que contient l'argile coule peu-à-peu
sur la couche de sucre blanc ; elle le dissout
et forme un sirop qui pénètre le pain de su-

cre, s'empare de sa couleur, et s'échappe par la pointe de la forme.

Peu-à-peu l'argile se dessèche, prend du retrait et ne fournit plus d'eau. Ces argiles desséchées sont mises dans le tonneau et préparées pour servir à de nouveaux terrages.

La partie supérieure des pains est blanchie par cette première opération ; mais lorsque le liquide sort coloré par la pointe de la forme, on emploie un second terrage, et dans celui-ci on se borne à déposer l'argile sur le pain sans établir une couche intermédiaire de sucre blanc.

Le nombre des terrages varie suivant que les sucres sont plus ou moins gras ou plus ou moins chargés de couleur : deux suffisent ordinairement pour les sucres marchands ; mais il faut les répéter jusqu'à ce que le sirop coule blanc et sans nuance de jaune, ce qui en exige quelquefois trois.

Alors on renverse la forme, qu'on assied sur sa base, pour que le sirop blanc, qui mouille la pointe du pain, se répande dans la masse ; et au bout de huit à dix jours, on *loche* ou dépote : les pains sont portés dans une étuve, où ils sèchent.

Le blanchiment par le terrage est sûr ; mais il a le très-grand inconvénient de convertir en sirop près d'un cinquième du sucre sur lequel on opère ; et lorsque les sucres sont gras ou que le grain en est très-fin, la conversion en sirop est bien plus considérable. Toutes les fois que j'ai à travailler des sucres de cette nature, je préfère les refondre et les dégraisser en les faisant bouillir avec du charbon animal.

En général, les sucres bruts de betteraves qu'on soumet au raffinage donnent en mélasse, ou *sirop non couvert* (*), entre un cinquième et un sixième de leur poids, et ils en perdent, par le terrage, au moins un quart.

Les sirops qui proviennent de ces diverses opérations sont cuits à l'ordinaire, sans ad-

___

(*) On appelle *sirop non couvert* la mélasse ou le sirop qui s'écoule du pain lorsqu'on le met sur l'*oule* après que la cristallisation est terminée, et on donne le nom de *sirop couvert* à celui que produit le terrage. Ce dernier est plus pur, moins coloré et de meilleur goût que le premier.

dition d'aucune matière étrangère, et le produit des cuites est versé du rafraîchissoir dans les *demi-bâtardes*, où se fait la cristallisation. On obtient de grands pains de sucre du poids de dix à douze kilogrammes, qu'on appelle des *lombs* dans le commerce.

2°. On a essayé de remplacer le terrage par l'alcool (l'esprit de vin concentré). Cette méthode est fondée sur ce que l'alcool, très-spiritueux, dissout très-bien le principe colorant et n'agit pas sur le sucre.

J'ai suivi ce procédé pendant deux mois, et je n'ai employé que l'alcool provenant de la distillation de mes mélasses.

Je me bornais à lessiver mes pains de sucre contenus dans les formes avec de l'alcool à trente-cinq degrés ; je couvrais les formes pour éviter la déperdition par l'évaporation : j'ajoutais de nouvel alcool, jusqu'à ce qu'il sortît bien clair par la pointe de la forme, et je distillais ensuite ce qui avait coulé dans le pot, pour l'employer à de nouvelles opérations.

J'ai abandonné ce procédé par les raisons suivantes :

1°. Quelques précautions que je prisse, je perdais demi-kilogramme d'alcool par pain de sucre de dix livres.

2°. Les pains de sucre, quoique bien séchés à l'étuve, conservent toujours une légère odeur, qui se développe plus sensiblement par le transport et par leur séjour dans le papier.

3°. Le prix de l'alcool concentré à ce degré rend le raffinage aussi dispendieux que par le terrage.

4°. De très-habiles chimistes proposent, chaque jour, de remplacer le terrage par l'emploi des sirops : la théorie accrédite cette opinion, mais l'expérience la combat.

D'abord, pour pouvoir employer avec succès des sirops, il faut qu'ils soient blancs, et dès-lors il est nécessaire de les former en saturant l'eau avec de beau sucre. L'eau qui se dégage de l'argile produit le même effet en traversant la couche de sucre blanc dont on a recouvert le pain : ainsi, il n'y a aucun avantage à faire usage des sirops, sous le rapport du sucre qui est employé dans l'opération, et il y a moins d'économie, car la fabrication du sirop exige du temps, des appareils et du combustible (*), tandis qu'il se forme naturellement de lui-même par le terrage.

Cependant, comme la théorie est séduisante, j'ai essayé cette méthode sur cinq milliers de sucre, en voici le résultat :

J'ai préparé du sirop à trente degrés (**), j'en ai versé sur la surface unie des pains de dix livres, jusqu'à ce qu'elle en fût recouverte; le lendemain, le sirop avait pénétré dans la masse et le sucre avait sensiblement blanchi : j'ai répété cette opération de quatre en quatre jours, jusqu'à ce que le sirop coulât clair par la pointe de la forme, ce qui n'est arrivé qu'au bout de vingt jours; le blanchiment était alors terminé dans la plupart des pains, et je l'ai continué sur les autres pen-

(*) Je dis combustible, parce qu'en se bornant à saturer l'eau par son séjour sur le sucre, elle n'en dissout pas assez à la température ordinaire de l'atmosphère, pour qu'elle n'en dissolve pas encore en filtrant à travers le sucre, de manière à acquérir trois ou quatre degrés de concentration de plus : c'est ce que j'ai constamment éprouvé.

(**) C'est le point auquel il faut le porter pour qu'il ne dissolve pas le sucre à froid.

dant douze à vingt jours, en enlevant successivement ceux qui étaient finis.

Lorsque j'ai voulu *locher* les pains ou les retirer de leurs formes, ils sont presque tous venus par fragmens : le sucre était gras et sans consistance. Il m'a été impossible de le sécher, et j'ai été réduit à le refondre pour en faire du sucre royal. J'ai répété plusieurs fois cette opération, et j'ai constamment obtenu les mêmes résultats.

Il est évident qu'en suivant cette méthode une partie du sirop reste interposée entre les molécules du sucre, tandis que par le terrage le sirop se forme peu-à-peu, filtre insensiblement, se charge de la couleur, et coule en entier au dehors.

D'ailleurs, il m'a fallu deux fois plus de sucre pour former les sirops employés au blanchissage, qu'il n'en faut pour le terrage ordinaire.

Les nombreuses expériences que j'ai été dans le cas de faire depuis douze ans m'ont conduit à adopter un procédé qui me paraît plus-avantageux qu'aucun de ceux dont je viens de parler. Je mets à tremper dans l'eau des rondelles coupées sur un drap grossier,

de la nature de celles qu'on appelle *calmoucks,*
et du diamètre de la base des pains de sucre;
j'exprime ces rondelles en les tordant à la
main dès qu'elles sont imbibées, et je les applique avec soin sur la surface de la base
des pains, que j'ai bien unie, après l'avoir
brisée avec une lame de couteau ou avec le
tranchant d'une petite truelle.

Vingt-quatre heures après, la surface du
pain est blanche : je verse alors sur le drap
environ une demi-livre de sirop couvert du
dernier terrage; ce sirop pénètre peu-à-peu
le drap et filtre à travers le pain, dont il
dissout et enlève le principe colorant.

Du moment que le sirop a filtré, j'humecte
le drap en y aspergeant quelques gouttes
d'eau, et le lendemain je verse encore une
même quantité de sirop de terrage (*).

Cette première opération est terminée en
cinq à six jours, après lesquels on laisse couler le sirop pendant quatre à cinq jours. Le
pain de sucre a parfaitement blanchi, par ces
lessivages, à quatre ou cinq pouces de profon-

____

(*) Je suppose que j'opère sur des formes de quatre,
dont les pains de sucre pèsent cinq à six kilogrammes.

deur ; il est encore un peu coloré au-dessous ; je termine le blanchiment par un léger terrage, que j'applique immédiatement sur le pain, sans couche intermédiaire de sucre étranger.

Lorsqu'on veut se borner à fabriquer de la cassonnade très-blanche, ou à former des sucres en cassons, on peut séparer et enlever successivement les couches blanches, et continuer à blanchir de la même manière le reste du pain.

Par cette méthode, le blanchiment est plus prompt, la main d'œuvre est moins considérable, les inconvéniens de l'emploi des seuls sirops disparaissent, et on ne dissout presque plus de sucre déjà blanchi.

Pour apprécier tout l'avantage qui résulte des opérations bien conduites, il faut savoir qu'en fondant et refondant continuellement le sucre, on en altère les qualités ; on l'amène d'abord au point de ne plus cristalliser, et ensuite à l'état de mélasse. Un sucre qui a passé trois ou quatre fois à la chaudière pour y subir un nombre égal de cuites, cristallise encore sur les parois des formes ; mais le milieu du pain se fige en une masse blanche, uniforme, qui a l'apparence du beurre figé, et n'a plus le goût franc du sucre; cette masse refondue ne se solidifie plus, elle reste à l'état de mélasse.

Je dois faire observer que, dans les divers travaux qu'on exécute sur le sucre, on dénature souvent cette substance et qu'on lui fait éprouver une suite d'altérations ou de dégénérations successives, aussi constantes que régulières.

Nous venons de voir que lorsque le sucre a passé trois ou quatre fois à la chaudière, il perd la faculté de cristalliser, et qu'on trouve alors au milieu des pains une masse uniforme, de la consistance du beurre figé, qui n'a plus le goût franc du sucre en cristaux.

Cette masse, dissoute dans l'eau et concentrée par le feu, se réduit en mélasse; et lorsque l'évaporation et la défécation du suc de betterave sont mal conduites, et que l'opération se prolonge au-delà du terme, presque tout le sucre se réduit en mélasse : alors la cuite des sirops est longue et difficile; il se forme d'abondantes écumes blanches et poisseuses, qui, enlevées par l'écumoire, se figent par le refroidissement, et présentent tous les caractères de la cire végétale.

Une expérience suivie pendant douze années m'a constamment présenté ces résultats.

Je suis bien convaincu que, si on faisait évaporer les sucres dans le vide, on éviterait ces altérations; je pense même que l'emploi du charbon animal ne produit ses bons effets qu'en s'opposant à l'action de l'oxigène de l'air sur le sucre, puisque, par le moyen du beurre, de la graisse et d'autres corps susceptibles d'une extrême division, on obtient à-peu-près les mêmes résultats; mais il nous reste à trouver le secret de faire rétrograder cette décomposition et de transformer les mélasses en sucre : c'est ce que j'ai essayé sans succès.

SECTION IV.

De la distillation des mélasses.

Les mélasses de betterave, épuisées de leur sucre, n'ont point cette saveur franche que présentent celles de la canne, elles conservent un goût d'amertume qui ne permet pas de les employer à d'autres usages qu'à la distillation.

Le produit en mélasse est presque aussi considérable que le produit en sucre : chacune des grandes bâtardes dans lesquelles on a fait cristalliser le produit de la première cuite donne quarante livres de mélasse et quarante-cinq livres de sucre brut ou cassonnade. Ces quarante livres de mélasse recuites produisent trente-quatre livres de mélasse et six livres de sucre : ainsi on retire à-peu-près trente-quatre livres de mélasse et cinquante et une livres de sucre brut par les deux cuites.

Comme le sucre n'est pas encore pur, et que, pour le raffiner, on est forcé de le refondre, de le faire cristalliser; de le blanchir par les sirops et le terrage, on en extrait encore des mélasses et des sirops. Les mélasses coulent lorsqu'on met les formes sur les pots après la cristallisation du sucre brut; les sirops se forment pendant le terrage; ces sirops sont recuits pour en extraire tout le sucre qui a été dissous : les mélasses qu'ils fournissent sont mêlées aux premières et distillées.

Les mélasses épuisées par ces diverses opérations forment à-peu-près une quantité en poids égale à celle des sucres bruts.

Pour faire fermenter ces mélasses et les préparer à la distillation, je supposerai qu'on opère sur deux cents kilogrammes (*).

Je verse donc deux cents kilogrammes de mélasse dans un cuvier, et j'y ajoute ensuite de l'eau jusqu'à ce que le mélange marque sept à huit degrés de concentration à l'aréomètre ou pèse-liqueur; je brasse avec un soin extrême pour bien mélanger l'eau avec la mélasse; le cuvier est placé dans une pièce de l'atelier, où la température est constamment maintenue à vingt ou vingt-deux degrés par le moyen d'un poêle, et j'attends que le mélange soit porté à quinze ou à seize degrés avant d'y mettre le levain ou ferment.

Pour former le levain, qu'on a soin de préparer la veille du jour où l'on doit l'employer, je prends vingt-cinq livres de farine de seigle; j'en forme une pâte avec de la mélasse; je délaie ensuite cette pâte avec de l'eau bouil-

(*) J'opère ordinairement sur quatre cents kilogrammes. Les cuviers dans lesquels je fais fermenter contiennent deux mille deux cents litres de liquide.

lante, à laquelle j'ajoute un quart de mélasse pure ; on mélange peu-à-peu les deux
liquides avec la farine, et on pétrit avec soin
jusqu'à ce que la masse ait pris la consistance
d'une bouillie : alors elle doit avoir vingt à
vingt-cinq degrés de chaleur. Lorsqu'on forme
ce levain pour la première opération, on y
délaie encore un peu du levain de la bière ou
de la farine de froment.

On couvre le baquet, on le met dans un
endroit chaud, tel que celui où doit s'opérer
la fermentation.

La pâte ne tarde pas à se gonfler, elle s'é-
lève de six ou sept pouces dans le baquet; et
au bout de douze à quinze heures, on peut
l'employer (*).

On verse peu-à-peu ce ferment dans le cuvier qui contient la mélasse, en ayant soin de
brasser continuellement.

(*) Avant de l'employer, on en prend environ le
sixième, qu'on met dans un pot et qu'on garde pour servir de levain à la première préparation de ferment qu'on
sera dans le cas de faire : de sorte que, dans les opérations subséquentes, au lieu d'employer vingt-cinq livres
de farine on n'en emploie que vingt.

Après deux à trois heures de repos, la fermentation commence et elle continue pendant deux à trois jours.

La concentration du liquide diminue peu-à-peu et tombe à deux degrés à la fin de l'opération (*).

On procède de suite à la distillation, en ayant soin de faire passer la liqueur à travers un filtre de toile, au moment qu'on la verse dans la chaudière de l'alambic, pour retenir le farine et le son qui sont suspendus dans le liquide : sans cette précaution, la liqueur monte souvent pendant la distillation et passe dans le serpentin.

Lorsqu'on distille dans les alambics perfectionnés, le premier alcool qui passe marque trente-six degrés au pèse-liqueur ; il s'affaiblit peu-à-peu, et on continue jusqu'à ce qu'il ne marque que dix à douze degrés : alors on arrête l'opération.

Le mélange des produits forme une

(*) Les corps étrangers au principe sucré qui se trouvent dans la betterave ne fermentent point et s'opposent à ce que la concentration descende au-dessous d'un degré et demi à deux degrés.

eau-de-vie de vingt-deux à vingt-cinq degrés.

Cette eau-de-vie a un arrière-goût d'amertume qui diminue son prix dans le commerce.
Je suis parvenu à corriger ce goût en mêlant un
kilogramme de charbon animal au liquide de
chaque *chauffe*, qui est d'environ trois cent
quatre-vingts litres : l'eau-de-vie obtenue par
ce procédé diffère peu de celle du vin.

Je redistille presque toute l'eau-de-vie dans
le même alambic *à feu nu*, en employant la
même dose de charbon animal, et je la convertis en alcool à trente-quatre degrés. La
vente en est plus facile et plus avantageuse,
parce que ces qualités d'alcool sont recherchées par les fabricans de couleurs, qui les
emploient à dissoudre les résines.

J'avais cru qu'il y aurait de l'avantage à
lessiver le marc des betteraves, afin d'en mêler
le suc avec la mélasse pour les faire fermenter
ensemble; mais l'expérience m'a détrompé : le
suc fermente et la mélasse n'éprouve alors
aucune décomposition, on la trouve en
nature et sans altération dans la chaudière
de l'alambic ; j'ai eu les mêmes résultats

lorsque j'ai mêlé la mélasse avec le moût de raisin.

Deux cents kilogrammes de mélasse donnent, par la distillation, environ cinquante litres d'eau-de-vie à vingt-deux degrés.

Ces cinquante litres d'eau-de-vie produisent vingt-cinq litres d'alcool à trente-quatre degrés.

En calculant la dépense, on peut l'évaluer comme suit :

Un seul homme qui conduit toutes les opérations et termine en un jour la distillation.............. 1 fr. 5o c.
Dix kilogrammes de seigle............ 1   »
Charbon de terre..................... 3   »
Charbon animal...................... »   5o

Total............ 6 fr. » c.

La conversion de cette eau-de-vie en alcool à trente-quatre degrés coûte :

Journée d'ouvrier..................... 1 fr. 5o c.
Charbon de terre..................... 3
Charbon animal...................... »   5o

Total............ 5 fr. » c.

On voit que les bénéfices ne sont pas considérables ; mais la distillation donne un prix réel
aux mélasses, qui sans cela n'en auraient aucun.

SECTION V.

Du produit d'une sucrerie (*).

Pour évaluer le produit d'une sucrerie, je
supposerai qu'on opère chaque jour sur dix
milliers ou cinq mille kilogrammes de betteraves ; mais comme les betteraves ne doivent
être travaillées qu'après avoir été soigneusement épluchées, il y a à-peu-près déperdition
d'un sixième par l'opération de l'épluchement : ainsi, pour travailler effectivement dix
milliers de betteraves, il faut en employer
douze et établir la dépense sur cette dernière
quantité.

Les produits d'une sucrerie sont de deux
genres : le premier est formé par le sucre ;
le second provient des mélasses, du marc et
des épluchures des betteraves.

(*) Dans l'évaluation qui suit, j'ai eu constamment en
vue de porter les produits et leur valeur au *minimum* et
les dépenses au *maximum*.

ARTICLE PREMIER.

Du produit en sucre.

La cuite des sirops provenant de l'exploitation de dix milliers de betteraves épluchées remplit huit formes bâtardes, dont chacune contient vingt-deux kilogrammes et demi de beau sucre brut; ce qui fait... 180 kilogr.

La cuite des mélasses provenant des huit grandes bâtardes fournit le sixième des sucres obtenus par la première opération.. 30

Total du produit en sucre brut. 210 kilogr.

Ces deux cent dix kilogrammes de sucre brut produisent, au *minimum*, par le raffinage, 1°. quarante pour cent de très-beau sucre royal; 2°. quinze pour cent de sucre de qualité inférieure provenant de la cuite des sirops et mélasses. Total... 55 p. 100.

D'après ce produit, qui est le terme moyen

d'une exploitation suivie avec intelligence, on obtient donc:

En sucre de première qualité........   84 kilogr.
En sucre de seconde qualité..........   3o
                                       ____
                        Total......... 114 kilogr.
                                       ____

ARTICLE II.

Des produits accessoires.

Dix milliers de betteraves exploitées par jour produisent :

1°. En marc............................. 1,25o kilog.
2°. En mélasse, environ................   13o
3°. Épluchures de 12 milliers de betteraves. 1,ooo

ARTICLE III.

De la valeur des produits.

Quatre-vingt-quatre kilogrammes de sucre raffiné, belle qualité, à 2 fr. 5o cent. le kilogramme...................   21o fr. » c.

Trente kilogrammes sucre moyen à 2 fr. 25 cent. le kilogramme...................   67   5o
                                       ____
                        Total......... 277 fr. 5o c.
                                       ____

Pour donner une valeur aux produits accessoires de l'exploitation de dix milliers de betteraves, il faut la déduire du prix qu'ils ont dans le commerce ou de celui des objets qu'ils remplacent.

1°. J'ai évalué à deux milliers le poids des épluchures qu'on obtient de douze milliers de betteraves ; mais ces épluchures contiennent presque la moitié de leur poids en terre, et on ne peut les donner comme aliment qu'aux porcs : elles suffisent à la nourriture de vingt-cinq ou trente de ces animaux pendant tout le temps que dure l'exploitation des betteraves.

On peut en calculer la valeur à deux francs cinquante centimes.

2°. Le produit du marc est d'une tout autre importance.

Le marc forme une nourriture excellente pour les animaux, sur-tout pour les bêtes à cornes : les vaches et les brebis qui s'en nourrissent produisent beaucoup de lait.

Le marc contient environ soixante-quinze pour cent du principe nutritif de la betterave, puisqu'on n'a extrait de la racine que l'eau et environ neuf pour cent de sucre ou de mélasse.

Cette nourriture n'a ni l'inconvénient des fourrages secs, qui tarissent le lait et obstruent le foie des bêtes à cornes, ni celui des fourrages verts et aqueux, qui leur donnent le dévoiement et produisent la pourriture.

Le marc se prépare en hiver, et c'est dans cette saison que les animaux éprouvent le plus grand besoin de cette espèce de nourriture.

Un kilogramme de marc et un quart de kilogramme de fourrage sec sont plus que suffisans pour bien nourrir une brebis mérinos lorsqu'elle allaite.

En n'établissant le prix du marc qu'à douze francs le millier, dix milliers de betteraves produisent chaque jour en marc une valeur de trente francs.

3º. Comme la mélasse n'a pas d'autre valeur que celle que lui donne la distillation, on ne peut la déterminer que par les produits de cette opération; et comme le prix des eaux-de-vie varie beaucoup, il est impossible de la fixer (*).

____

(*) J'ai vendu l'alcool de mélasse à trente-cinq degrés, entre le prix de cent soixante francs et celui de cinq cents francs la pièce, depuis que mon établissement est formé.

Je ne crois pas devoir porter la valeur des mélasses au-dessus de neuf francs les cinquante kilogrammes : dix milliers de betteraves en produisent cent trente kilogrammes, c'est donc un objet d'environ douze francs par jour.

Tableau des produits de l'exploitation de dix milliers de betteraves par jour.

Nature des produits.	Poids.	Valeur.
1°. Sucre raffiné : { 1re. qualité.	84 kilog.	210 fr. » c.
2e. qualité.	3o	67 5o
2°. Épluchures.........	1,000	2 5o
3°. Marc...............	1,250	3o »
4°. Mélasse.............	13o	12 »
Totaux...........	2,494 kilog.	322 fr. » c.

Dans l'énumération des produits de la betterave, j'en ai négligé un qui a néanmoins quelque importance, c'est celui des feuilles. Dès le milieu du mois d'août, on peut commencer à couper les grosses feuilles pour en nourrir les bestiaux; à l'époque de l'arrachement, quelque nombreux que soient les troupeaux de moutons, de vaches et de bœufs, ces animaux peuvent trouver dans les feuilles et les collets qu'on laisse dans les champs une abondante nourriture pendant huit à dix jours.

SECTION VI.

De la dépense d'une sucrerie.

Il ne suffit pas de présenter des produits, il faut encore en évaluer la dépense et s'assurer que la fabrication du sucre de betterave peut être établie avec quelque avantage. Ici, comme dans la partie qui précède, je ne présenterai que le résultat de mon expérience.

Pour approprier un local à la fabrication de dix milliers de betteraves par jour, il faut dépenser vingt mille francs en ustensiles et usines.

Cette dépense se réduirait à seize mille

francs si l'on pouvait disposer d'un cours d'eau établi et d'un pressoir de vendange (*).

1°. La culture des betteraves forme l'article principal des dépenses d'une sucrerie. En portant le millier à dix francs, on en établit le prix de manière qu'en aucun cas l'agriculteur ne peut être lésé (**).

Ainsi douze milliers de betteraves employés chaque jour à l'épluchement pour en avoir dix à soumettre à la râpe, coûtent... 120 fr.

A reporter..... 120 fr.

(*) Je ne parle pas ici des constructions. Je suppose qu'il ne s'agit que d'approprier un bâtiment à la fabrication, ce qui se trouve presque par-tout.

(**) Si l'entrepreneur d'une sucrerie cultive lui-même ses betteraves et qu'il sème ses blés dans les champs immédiatement après l'arrachement, la dépense des labours préparatoires faits en hiver et au printemps et celle des fumiers et de leur transport peuvent être supportées en entier par les blés, et il ne reste à la charge des betteraves, qui forment une récolte intermédiaire, que les frais d'ensemencement, de sarclage, d'arrachement et de transport ; ce qui en diminue extrêmement le prix.

En partant de cette base, on peut estimer aisément ce

Report.... 120 fr. » c.

2°. Épluchement de douze milliers de betteraves, à raison de
soixante centimes le millier par
abonnement......................   7   20

A reporter...... 127 fr. 20 c.

que coûte la betterave à l'agriculteur qui la cultive lui-
même. Nous nous bornerons à évaluer sa dépense pour
le produit d'un arpent :

Achat de six livres de graine........   6 fr.
Ensemencement..................... 12
Deux sarclages.................... 22
Arrachement....................... 20
Transport......................... 20
Emmagasinage   3
Valeur locative du terrain........ 40
Impositions....................... 10

133 fr.

En estimant le produit moyen à vingt milliers; le
millier coûte à l'agriculteur six francs soixante-cinq centimes. Les dépenses des labours et du fumier sont supportées par le blé, qu'on sème de suite après l'arrachement des betteraves, et les récoltes en blé sont supé-
rieures à ce qu'elles seraient, si elles ne venaient pas à
la suite de celle des betteraves, parce que la terre est
bien ameublie et que les sarclages l'ont purgée de toutes
les plantes étrangères.

Report .... 127 fr. 20 c.

3º. Salaire de huit femmes employées à servir les râpes, à transporter les betteraves , etc. à raison de soixante centimes par jour.................... 4 80

4º. Deux chevaux de la ferme et leur conducteur employés au manége...................... 7 . 25.

5º. Deux hommes aux presses. 2 50

6º. Un surveillant des râpes et des presses..................... 1 50

7º. Deux hommes aux chau-
dières........................ 2 50

8º. Cinquante kilogrammes de charbon animal employé par jour...................... 13 »

9º. Consommation de charbon de terre (*)................... 25 »

10º. Traitement par jour du chef raffineur................. 5 »

11º. Traitement d'un sous-

A reporter ..... 188 fr. 75 c.

___

(*) J'établis ce prix sur ma localité , qui est en Touraine , à deux cents lieues des mines ; il doit varier suivant les distances et les difficultés du transport.

Report....   188 fr. 75 c.

chef..........................   2   25

12°. Éclairage des ateliers...   1   50

Total de la dépense par jour..   192 fr. 50 c.

Ces dépenses ne comprennent que celles d'un jour de travail; et en supposant que l'exploitation des betteraves dure cent jours, la dépense s'élèvera à dix-neuf mille deux cent cinquante francs.

Après avoir terminé l'exploitation des betteraves et fabriqué le sucre brut, on renvoie tous les ouvriers, à l'exception du chef raffineur et du sous-chef, qui suffisent pour conduire les opérations du raffinage.

Les dépenses qu'entraîne cette dernière opération, qui dure jusqu'à l'automne, peuvent se réduire aux suivantes :

1°. Traitement du raffineur............   1,000 fr.

2°. Traitement du sous-chef............   500

3°. Traitement d'un homme de peine.....   250

4°. Pour charbon animal................   300

5°. Pour charbon de terre..............   700

6°. Pour blancs d'œufs.................   100

7°. Terre à blanchir...................   50

Total...........   2,900 fr.

A ces dépenses, il convient encore d'ajouter celles qui suivent :

1°. Pour intérêts de la mise de fonds employée à meubler l'atelier.............................. 1,200 fr.

2°. Pour remplacement et réparations aux ustensiles de tout genre........................ 1,500

3°. Pour achats de toiles pour la presse, de draps pour les filtres et d'autres petits objets.   700

Total............ 3,400 fr.

Ainsi les dépenses de toute nature occasionnées par l'exploitation réelle de douze cents milliers de betteraves s'élèvent à............ 25,550 fr.

J'ai déjà prouvé que le produit était par jour de 322, ce qui fait pour cent jours d'exploitation effective 32,200

La sucrerie laisserait donc un bénéfice de. 6,650 fr.

Ces calculs sont rigoureux et déduits des résultats d'une exploitation bien conduite, ils ne peuvent que varier en raison des localités; mais l'agriculteur éclairé verra que j'ai forcé en dépense et diminué en recette plusieurs articles. Il y a peu de pays en France où le charbon de terre soit aussi cher qu'en Touraine, où ma fabrique a été établie; presque par-tout ailleurs, il y aurait une économie notable sur cet objet. Je n'estime le marc qu'à raison de douze francs le millier, tandis qu'il produit pour la nourriture des bestiaux, à peu de chose près, le même effet qu'un poids égal de fourrage sec. J'ai porté le prix des betteraves à dix francs le millier; mais ce prix est au-dessus de ce qu'elles coûtent au propriétaire, sur-tout lorsqu'il sème le blé après l'arrachement. Je n'ai pas évalué les feuilles des betteraves, avec lesquelles on peut nourrir les animaux de la ferme depuis le 15 août jusqu'à la fin d'octobre.

Mais quel que soit l'avantage de cette exploitation, il ne faut jamais perdre de vue que la négligence ou l'incapacité apportées dans les opérations, et le peu de soin donné à la conservation des betteraves, peuvent occasionner des pertes dans une entreprise qui, au très-bas prix où j'établis les sucres, présente encore d'assez grands bénéfices entre les mains d'un homme intelligent.

SECTION VII.

Considérations générales.

Une expérience de douze années nous a acquis la preuve,

1º. Que le sucre extrait de la betterave ne différait en rien du sucre de canne, ni par la couleur, ni par la saveur, ni par le poids, ni par la cristallisation;

2º. Que la fabrication du sucre de betterave pouvait concourir avantageusement avec celle du sucre de canne lorsque le prix de ce dernier est dans le commerce à un franc vingt centimes le demi-kilogramme (*).

(*) On objectera qu'on a versé dans le commerce du sucre de betterave de mauvaise qualité, je ne disconviens pas du fait; mais cela prouve seulement qu'il était mal fabriqué. Depuis dix ans, le sucre qui sort de ma fabrique est livré à la consommation au même prix que celui de canne raffiné au même degré, et on n'a jamais reconnu la plus légère différence entre eux.

On dira que la plupart des établissemens qui se sont formés ont été forcés d'abandonner la fabrication, après avoir éprouvé des pertes; c'est encore un fait que je ne puis pas contester; mais je ferai observer que ce nou-

Ces faits étant constatés et reconnus, on peut se demander si la fabrication du sucre de betterave serait avantageuse à l'agriculture.

La culture de la betterave ne nuit pas à la production d'un seul grain de froment, puisqu'on en fait une récolte intermédiaire et qu'on sème le blé immédiatement après avoir arraché les racines.

La récolte des blés est plus belle dans ces terres que dans les autres, parce que le sol a été ameubli par les betteraves, et nettoyé, par les sarclages, de toutes les herbes étrangères.

L'exploitation de dix milliers de betteraves par jour, met, par jour, à la disposition du propriétaire environ douze cent cinquante kilogrammes de marc, ce qui forme, pour la nourriture des bêtes à cornes, un fourrage plus précieux que tous les autres.

veau genre d'industrie exige, comme tous les autres, des connaissances, un apprentissage, des hommes instruits et habitués à des opérations analogues, et qu'il n'est pas étonnant que, par-tout, on n'ait pas pu réunir toutes ces qualités. Il est impossible de citer un genre d'industrie parmi ceux qui prospèrent, où, dès le début, on soit arrivé à la perfection.

L'exploitation des betteraves se fait en hiver, et fournit du travail aux hommes et aux animaux de la ferme, qui, dans cette saison, sont trop souvent condamnés au repos.

Enfin, si un jour on parvenait à fabriquer assez de sucre de betterave pour fournir à la consommation de la France, on aurait doté l'agriculture d'une valeur de plus de quatre-vingts millions par année.

Pour faire prospérer les établissemens de sucre de betterave, il faut nécessairement les lier à une exploitation rurale; ces sortes de fabriques sont déplacées dans une ville: l'achat des betteraves est plus onéreux que lorsqu'on les cultive soi-même; le marc n'y a presque aucun emploi; la main d'œuvre et le combustible y sont plus chers; on n'y a pas, pour le travail, la ressource des animaux et des hommes attachés à la ferme.

Mais cette fabrication peut-elle se concilier avec l'intérêt qu'inspirent nos colonies?

Cette question eût été difficile à résoudre avant la révolution : alors nos colonies fournissaient à notre consommation et présentaient un excédant de produits d'environ quatre-vingts millions de valeur que nous exportions à l'étranger, sur-tout dans le nord de l'Europe ; nous nous approvisionnions, en échange, de bois de construction, de fer, de cuivre, de chanvre, de suif, de goudron, etc. La perte de nos principales colonies a fait passer ce commerce important en d'autres mains, et les colonies qui nous restent ne suffisent pas pour fournir à notre consommation en sucre.

Le Gouvernement a aujourd'hui un double but à atteindre, celui d'améliorer le sort de nos colonies, et celui d'encourager la fabrication du sucre de betterave : il remplira l'un et l'autre en prohibant l'importation des sucres étrangers.

Alors les sucres de nos colonies trouveront chez nous un débouché avantageux, et les fabriques de sucre de betterave se multiplieront.

En supposant que les fabriques de sucre de betterave parvinssent un jour à fournir à la consommation de la France, nous pourrions alors reprendre notre commerce avec l'étranger par le moyen de notre sucre colonial ; et la France n'éprouverait plus ces privations de sucre ou ces variations de prix auxquelles donne lieu une guerre maritime.

Il est de fait que si le Gouvernement ne s'occupe pas sérieusement de cet objet si important, les colonies et les établissemens de sucre indigène n'acquerront jamais une grande prospérité, et l'une des plus belles conquêtes qu'on ait faites dans les temps modernes sera peut-être perdue pour la France.

FIN DU TOME SECOND.

C.

D.

E.

F.

G.

H.

O.

P.

R.

S.

T.

U.

V.

FIN DE LA TABLE DES MATIÈRES.